U0340901

翡翠

鉴定与选购

从新手到行家

中国翡翠交易实战专家

李永广 李 峤 · 著

文化发展出版社
Cultural Development Press

本书要点速查导读

行家

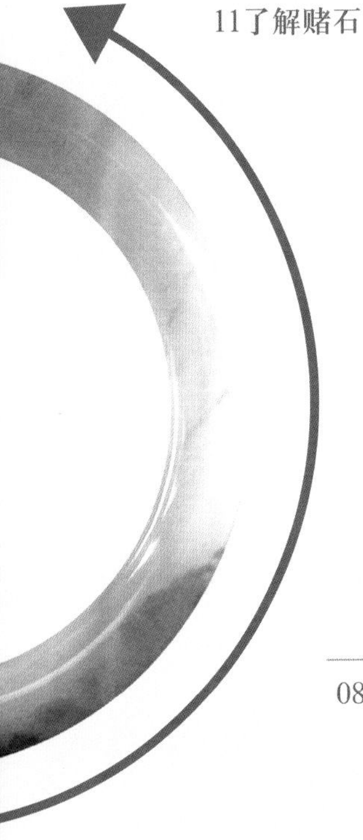

你能成为翡翠“真”行家

如何写一本书，让初学者快速地进入翡翠领域而不走弯路，是笔者长期思索的问题。《翡翠鉴定与选购从新手到行家》就是这一长期思考的成果。关于翡翠入行的要领，笔者有一些想法，希望能在正文开始之前，与读者朋友们分享。

·攻破要点，方可入门

玩家踏入翡翠之门，或是为欣赏翡翠的美，或是将购藏作为目标。而无论如何，只有攻破翡翠领域的核心要点，才能真正入门，否则只能在门外看热闹。

翡翠的场区场口、成因特点、矿床类型、原石性状等，看似与购藏翡翠商品无关，却是基础中的基础。如果不掌握这些知识，即使学会说再多的“行话”，也只能唬人，不能真正受益。似懂非懂地走进市场，是一定要吃亏的。

翡翠从业者需要知识、经验和智慧，三者缺一不可，而基础知识绝不能忽略。所以，本书没有避重就轻，而是坚实地立足于专业知识，从行家的角度为读者“开门”。将这些难点重点一一说清楚绝非易事。笔者筛选出翡翠专业知识中的精髓，尽量用最简明的方式将其地质学、矿物学特质进行交代，也将“赌石”这一购藏类书籍往往不愿过多涉及的领域详细阐释。读者若耐心阅读，突破要点，必能有所获益，找到入门正道。

·见多识广，才能得法

初学者往往困惑于翡翠的品种繁多、属性复杂。事实的确如此，许多专著（无论篇幅大小）不愿意将这些繁杂的种类、性质逐一呈现，只是点到为止。因此，人们往往只知其一、不知其二，在实践中常常感到不得法。

翡翠品种的划分方式太多，名称也难以统一，因此，唯有掌握常见品种的具体特性，才能真正做到区分。而区别判断品种、类型、等级，是购买、收藏的前提。

作为一本入门指导手册，本书力求将常见的翡翠品种、属性特征、购藏环节全面详尽地向读者展示，使读者知其然，更知其所以然，获得足够的信息，在阅读对比中切实地掌握规律。相信经过这样的学习，读者朋友能够自信地踏入翡翠鉴别、选购、收藏的领域。

翡翠是迷人的。中华民族爱玉的历史悠久，而翡翠传入虽仅几百年，却因卓越的品质和特殊的魅力，与“玉石之后”和田玉并列，被尊为“玉中之王”。在珠宝市场日趋繁荣的今天，翡翠的价值更是引得无数藏家为之倾囊。在这样的行业背景下，供不应求的市场必然暗藏玄机，只有“真行家”才能在其中悠然自得。

撰写翡翠专门书籍，需要深厚的宝玉石综合知识和长期从业实践的丰富经验。笔者自认为这些方面的素质还不够，只是长期以来坚持将许多专家学者、从业者亲身经历和真知灼见及时记录、归纳、整理、编纂。书中的不足甚至谬误在所难免，躬请专家、行家、玩家、藏家多提宝贵意见，丰富完善本书。

如果书中相关内容能帮助读者从初识翡翠到游刃有余，最终遨游于翡翠的美丽世界，我们将感到十分欣慰和满足。

李永广　李峤

2015年5月

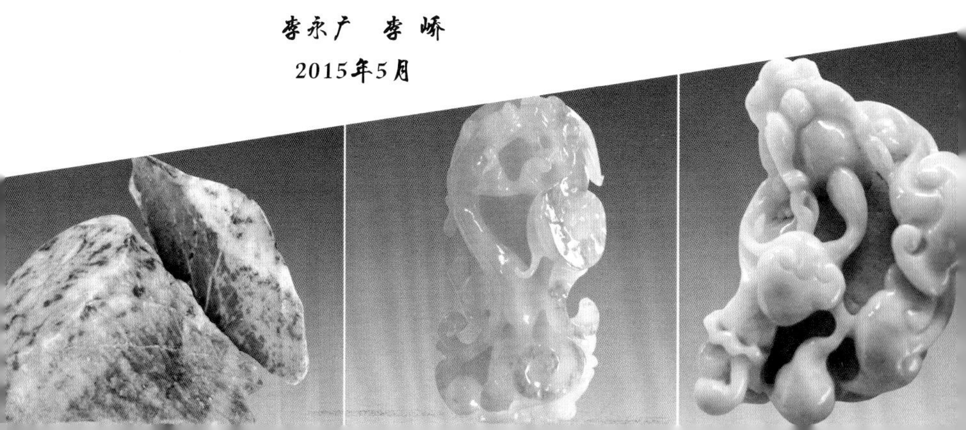

目录 CONTENTS

基础入门

鉴定技巧

购藏实践

赌石解密

基础入门

翡翠的名称与来历

翡翠的英文名称为Jadeite，源于西班牙语pridre de yiade，其意思是指佩戴在腰部的宝石。因为在16世纪，西班牙人认为翡翠是一种能治疗腰痛的宝石。1863年，法国地质学家德莫尔(A. Damovr)认为翡翠是辉石类中的钠铝硅酸盐新种矿物，命其名为Jadeite，汉译名为硬玉，由此，它作为辉石类的新矿物种名被国际矿物协会承认。然而，根据近代科学分析，翡翠并非硬玉，而是以硬玉矿物为主，并伴有角闪石、钠长石、透辉石、磁铁矿和绿泥石等的矿物集合体，还含有一种以前认为只有在月球上才能形成的钠(陨)铬辉石。不同质量的翡翠，其矿物含量存在差别。翡翠与非翡翠间的硬玉含量界定，各家说法不一，目前还是一个有待解决的问题。但不管今后的含量界定结果如何，可以肯定，翡翠不等于硬玉。硬玉是一种矿物学概念，而翡翠是一种岩石学概念。

在中国古代，“翡翠”一词最初源于鸟名。《淮南子》一书中说，秦始皇发雄兵五十万，血战三年，征服了岭南各地，目的就是掠夺“越之犀角、象齿、翡翠、珠玑”。这里的翡翠，并不是玉石，而是翡翠鸟的羽毛，即古书中多有记载的“翠羽”，当时是一种名贵的装饰品。同在汉代，这一名词亦见于《后汉书·西南夷传》：“哀牢……土地沃美，宜五谷，蚕桑，知染采。文绣厨毡……出铜、铁、铅、锡、金银、光珠、琥珀、水晶、琉璃、柯虫、蚌珠、孔雀、翡翠、犀、象、猩猩……”翡翠是古代生存在黔滇西南夷一带的一种鸟，鸟羽由红绿两色混合，鸟羽正面视为翠绿，侧视鸟的羽毛但见翡红。滇西哀牢人称翡翠鸟为“绿翠”鸟与“马翠”鸟。翡翠鸟不会捕鱼，平时活跃在河泽里，飞居于林荫中。这种鸟的毛色十分好看，通常有蓝、绿、红、棕等颜色。一般这种鸟雄性的为红色，谓之“翡”；雌性的为绿色，谓之“翠”。东汉许慎在《说文解字》中即解释：“翡，赤羽雀也……翠，青羽雀也。”在各个朝代文人墨客的诗句中，经常出现有关翡翠的词句。如唐代大诗人杜甫《重过何氏五首》：“落日平台上，春风啜茗时。石阑斜点笔，桐叶坐题诗。翡翠鸣衣桁，蜻蜓立钓丝。自逢今日兴，来往亦无期。”唐代诗人陈子昂《感遇》诗：“翡翠巢南海，雌雄株树林……旖旎光首饰，葳蕤烂锦衾……”金初著名诗人蔡松年在他的《鹧鸪天·赏荷金》中写道：“秀樾横塘十里香，水花晚色静年芳。胭脂雪瘦薰沉水，翡翠盘高走夜光。山黛远，月波长，暮云秋影照潇湘。醉魂应逐凌波梦，分付西风此夜凉。”明朝大诗人文徵明的诗《莲房翠禽明》中也写道：“锦云零落楚江空，翡翠翎边夕照红。愁绝开桡烟水外，秋香吹老一滩风。”

“翡翠”一词，古代除作为鸟名被广泛流传使用外，更多的时候则是作为鲜艳颜色的代名词，即翡红与翠绿。到了清代，翡翠鸟的羽毛作为饰品进入了宫廷，色彩艳丽的翠羽深受嫔妃们的喜爱。她们将其插在头上作为发饰，用羽毛贴镶拼嵌作为首饰，故其制成的首饰名称都带有翠字，如钿翠、珠翠等。即使到了清末民初乃至解放后一段时间，京剧名伶的“点翠”

翡翠翠鸟雕件

据说翡翠之名即来自翠鸟。

之物，仍然在使用翡翠鸟的羽毛。到了清代中期，大量的缅甸玉通过进贡进入了深宫内院。这些玉石的颜色为绿色、红色，且颜色多不均匀，有时在浅色的底上，常伴有红色和绿色的色团，颜色之美宛如赤色羽毛的翡鸟和绿色羽毛的翠鸟，所以人们称这些来自缅甸的玉为翡翠，渐渐地这一名称在中国民间流传开了。从此，“翡翠”这一名称也由鸟名转为缅甸玉石的专用名称。

清乾隆翠玉龙纹花瓶

此外，对于翡翠名字的由来，坊间还有另一种说法：翡翠到了清初才从缅甸运入中国，当时中国新疆和田玉中的碧玉称为翠玉。当缅甸玉流入云南一带时，人们分辨出不是中国的和田玉（即翠玉），为避免与中国产的翠玉相混淆，故将其称为“非翠”，即“不是中国翠玉”的意思。后来，“非翠”就慢慢变成“翡翠”这个美丽的名字了。

清代翡翠饕餮纹兽足双耳瑞狮纽盖方鼎

清中期翡翠山水双面插牌

翡翠的基本特征

翡翠由硬玉组成。因其化学成分中含有铬(Cr)元素和铁(Fe)元素，二者即为翡翠致色的基本元素。翡翠有各种颜色，除绿色之外，还有淡紫、白、黑、褐红和黄色等。由于其物理学上的特征，翡翠呈现出玻璃般的光泽。而因为比重大于其他类似玉石，从手感上来说，翡翠在手上有重感，即“坠手”。由于组成翡翠的晶体晶面及解理面会反光，使得其内部或切开面上有着星星点点的闪光，行内称为“蝇子翅”或“翠性”。

老坑种翡翠玉镯
可遇而不可求。

这些都是区别翡翠与其他玉石最重要的标志。具体而言，我们可以从物理学、结构学和矿物学这三个角度来看翡翠的特征。

【物理特征】

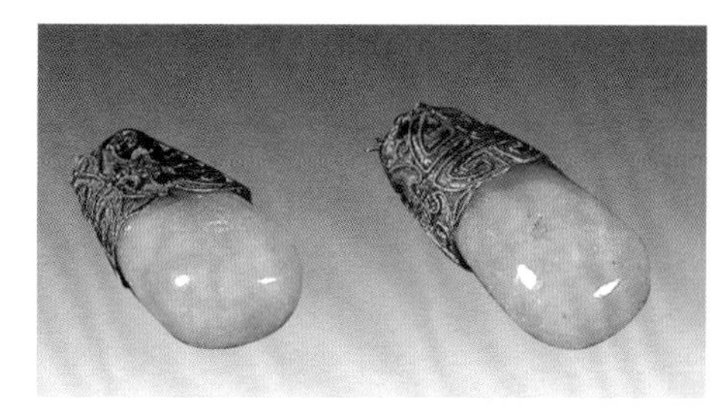

清代翡翠镶银耳环
可见翠性。

(1)解理：翡翠的主要矿物硬玉有两组完全解理，在翡翠表面上表现为星点状闪光(也称“翠性”)的现象，这是光从硬玉解理面上反射的结果，成为翡翠与相似玉石区别的重要特征。

清代各色翡翠耳片

(2)**硬度**：摩氏硬度为6.5～7.0。

(3)**比重**：3.30～3.36。翡翠的比重随所含铬、铁等元素的不同而有所变化，宝石级翡翠的比重一般为3.34。

(4)**颜色**：变化大，有白、绿、红、紫红、紫、橙、黄、褐、黑等色。其中最名贵者是绿色，其次是紫蓝和红色等。绿色，行话称“翠”，由浅至深分为浅绿、绿、深绿和墨绿，以绿为最佳，深绿次之。当翡翠中含铬元素时，呈现诱人的绿色；当翡翠中含铁元素时，呈发暗的绿色。黄色和红色是次生颜色。翡翠原石遭风化淋滤后，铁离子Fe^{2+}变成Fe^{3+}会产生鲜艳的红色，称为“翡”。紫色也称“紫翠”，可分浅紫、粉紫、蓝紫、茄紫等色。一般认为翡翠呈紫色是其含微量锰元素所致。

新老种三彩聚宝盆

色彩椿色，紫色较浓，局部飘绿。

翡翠自在观音菩萨

(5)**透明度及光泽**：翡翠的透明度和光泽主要决定于组成翡翠矿物的颗粒大小和排列方式。翡翠一般为半透明至不透明，极少为透明。翡翠的透明度称“水”或“水头”，透明度越高，水头越足，价值就越高。翡翠一般为玻璃光泽，也显油脂光泽，光泽表现也受抛光程度的影响。

(6)**折射率**：翡翠的折射率为1.666～1.680，点测法为1.65～1.67，一般为1.66。

(7)**光性特征**：翡翠主要由单斜晶系的硬玉矿物组成，因此为非均质集合体。

(8)**吸收光谱**：绿色翡翠主要由铬致色，显典型的铬光谱，表现为在红区（690纳米处、660纳米处、630纳米处）具吸收线。所有的翡翠因为含铁，因而在437纳米处有一诊断性吸收线。

(9)**发光性**：天然翡翠绝大多数无荧光，少数绿色翡翠有弱的绿色荧光。白色翡翠中若含有长石，经高岭石化后可显弱的蓝色荧光。

【结构特征】

翡翠的结构是指矿物结晶程度、颗粒大小、晶体形态及它们之间的相互关系。结构对于翡翠意义重大，它决定了翡翠的质地、透明度和光泽等。同时，鉴定翡翠也需要借助对结构特征的分析。按成因，翡翠结构主要有变晶结构、交代结构和碎裂结构三种类型。

变晶结构是翡翠的主体结构，是指在变质作用过程中由重结晶或变质结晶作用形成的结构类型。交代结构是指在流体参与的条件下，翡翠经交代作用而形成的结构。碎裂结构则是翡翠在低温下受定向压力作用并超过弹性极限时，其本身及组成矿物发生刚性破碎、移动以及塑性变形或重结晶等而产生的结构。

这几种结构有不同的表现，以最重要的变晶结构为例，其按变晶颗粒的大小可以划分为以下五种类型。

(1)**粗粒变晶结构**：颗粒十分明显，粒径大于2毫米，这种结构使得翡翠粗糙、透明度差。

(2)**中粒结构**：颗粒肉眼可见，粒径在1～2毫米。

(3)**细粒结构**：肉眼观察颗粒不明显，粒径在0.5～1毫米。

(4)**微粒结构**：肉眼几乎看不到颗粒，粒径在0.1～0.5毫米。

(5)**隐晶结构**：颗粒粒径小于0.1毫米，放大镜和普通显微镜下都难以看到颗粒。具有这种结构的翡翠结构细腻，水头好，质量较高。

翡翠的结构很复杂，这里只是举一个简单的例子。在下文不同章节中，我们会从各个角度谈到翡翠结构的问题。

【矿物组成与形态】

翡翠的主要组成矿物是硬玉为主的辉石类矿物，次要组成矿物有闪石和长石类矿物，此外还有绿泥石、高岭石、蛇纹石、褐铁矿等蚀变次生风化矿物。

基于所含主要矿物成分的不同，翡翠包括不同的品种。

(1)**硬玉质翡翠**：高档翡翠多属于此。

(2)**含绿辉石翡翠**：呈深绿色至墨绿色，透明度差，一般工艺性能较差。

(3)含钠铬辉石翡翠：呈翠绿色、深翠绿色和黑绿色，透明度差。

(4)闪石类翡翠：也以硬玉为主，但经后期热液蚀变，部分硬玉矿物转变成阳起石或透闪石。

从矿物形态上来看，翡翠属辉石族、斜方晶系，其外形本应为短柱状、截面应为假正方体。但由于形成过程中发生的变化，常见的翡翠并没有特定形状，如龟背形、三角形、板块形、扁平形、条形、椭圆形、锥形、圆形、长形、方形、矩形等，应有尽有，没有均等面的外形规律。所以说，翡翠块体的形态是具有多样性的。

浓油青种观世音吊饰

干青翡翠吊饰

翡翠的产地与成因

翡翠的主要产地

缅甸是最主要的翡翠出产国。在缅甸，翡翠出产于该国东北部的密支那地区（北纬24度到北纬28度，东经96度左右），与云南邻近。矿区贯穿乌鲁江流域，夹峙在高黎贡山与巴盖崩山之间，南北长250千米，东西宽10～20千米，面积为1400平方千米。选矿中心在龙肯（亦作隆肯、龙坑），距密支那136千米，距云南腾冲360千米，距泰国清迈1200千米。

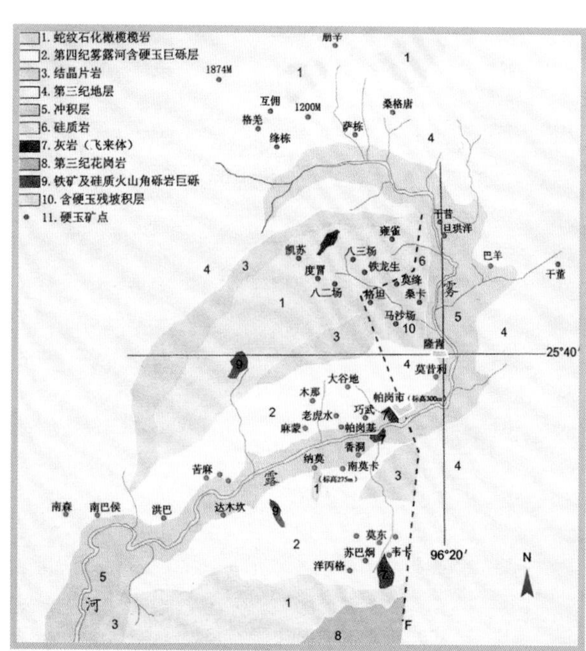

缅北翡翠产地地质简图

要进一步了解翡翠产地，除了地理位置，还要懂场区和场口。场口即开采翡翠玉石的具体地点。若干场口因相近的开采年代和相似的表现而汇集形成场区。同一场区不同场口出产的玉石既有共性（即皮壳、颜色、分布、松花、蟒带大多相似），也有特殊性。尤其是一些著名场口的玉石，特征十分鲜明，有的特性只属于某一个场口。因此，在翡翠的开采和商贸中，场口和场区始终是人们关注的重点。

【缅甸翡翠“六大场区”】

缅甸翡翠的开采已有几百年的历史，随着翡翠的大量输出，场区不断扩大，场口逐步增加，各场区和场口的情况也在不断变迁。现在有名有姓的坑洞已有一百多个，状如群星荟萃，有知名度的也不下七十多个，小的难以起名的场口更是星罗棋布。

根据所产石料的种类和开采的时间顺序，按常规，可将缅甸翡翠产地划分为六大场区，即老场区、大马坎场区、小场区、后江场区、那莫场区和新场区。

（1）老场区

老场区位于乌鲁江的中游，是发现和开采时间最早、范围最大、场口最多、玉石种类繁多的场区，目前仍是缅甸翡翠的主要产地。老场区有较大的场口27个，其中最著名的场口是老帕敢、灰卡、大谷地、四通卡、马那、格拉莫等。这些场上的玉石在历史上产量

开采多年的玉石场口

多、品质高，始终受到人们的重视，在交易中经常遇到，因此应该了解其特性，例如其玉料的外表多为黄沙皮、黄红沙皮、黑沙皮等。

（2）大马坎（一作达木坎）场区

大马坎场区位于乌鲁江下游，在老场区以西相邻处，属于冲积矿床。以大马坎场口为代表，出名的场口还有近20个，如黄巴、莫格叠、雀丙、磨隆基地、大三卡、南丝列、南色丙、西达别、约英拱、那亚董、美林强、苦麻、胆秀等，其中最著名的是大马坎、黄巴、莫格叠、雀丙等。这里出产的玉石质量有高有低，各场口间的翡翠差别很大，主要是黄沙皮和黄红沙皮两类产品。

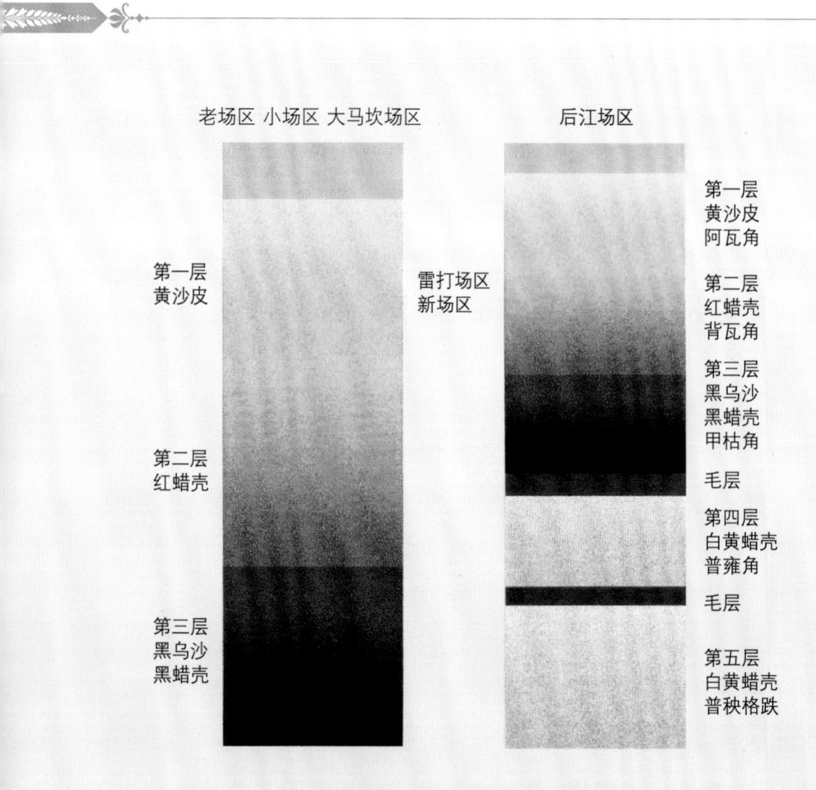

缅甸翡翠各场区矿层示意图

(3)小场区

小场区位于乌鲁江南面，邻铁路，面积约为45平方千米，比后江场区大三倍，只因场口不多，人们称它为小场区。这里是原生矿床，曾出产过许多优质翡翠，是整个缅甸翡翠矿区不可缺少的部分。场区最深的场口已挖到第三层，以黑色带蜡壳的块体为多。有名的场口有南奇、南莫、莫六、细莫、莫罕、南西翁、乌起公、那黑、通董、磨六磨、摸格地等，其中最著名的是南奇、莫罕和莫六。该场区出产玉料外表为黄沙皮、黄红沙皮、黑沙皮带蜡壳等。

(4)后江场区

后江又称坎底，与印度接壤，翡翠矿区分布在江畔，地形狭窄。在长约3000米、宽约150米的区域内，散布着十多个场口。这里也是冲积型矿床，开采时间较晚。后江和那莫两个场区相距不远，但所产翡翠块体却有天壤之别。后江场区所出产的块体以小件居多，一般在三百克左右，是经过洪水冲刷、河流搬运和长期浸泡过的子料。该场区翡翠产量高、品种多（有山料、水料、半山半水料等），质地优、皮壳薄，在缅甸和国内声誉很高，是不可忽视的场区。所产翡翠以很薄的黄、黑色皮壳和带有蜡状光泽为其特征。原石沿裂隙发育，可能为挤压破碎带中的产物，石质细腻，结构致密，透明度高，色碧绿或带黄色。位于矿带一个层的原石璞带黄色，经琢磨后，绿色能加深一成；下层的原石外表为浅黑色，带蜡皮，琢磨后成品的绿色能深两成。所产翡翠很“受做”，易加工，是戒面的理想材料，俗称“后江石”。近几年来，此地又因产乌砂而闻名。主要场口有：磨隆、比丝都、格母林、帕得多曼、香港莫、莫东郭、莫地、加英、不格朵、格勒莫等。该场区所产玉石外表为黄沙皮、红蜡壳、黑蜡壳、灰毛壳、白黄蜡壳等。

(5)那莫场区（雷打场区）

那莫是缅语，意为雷打，而这个场区也叫雷打场区。那莫场区位于康底江（后江）上游的一座山上，经后江新场而至。当地人认为

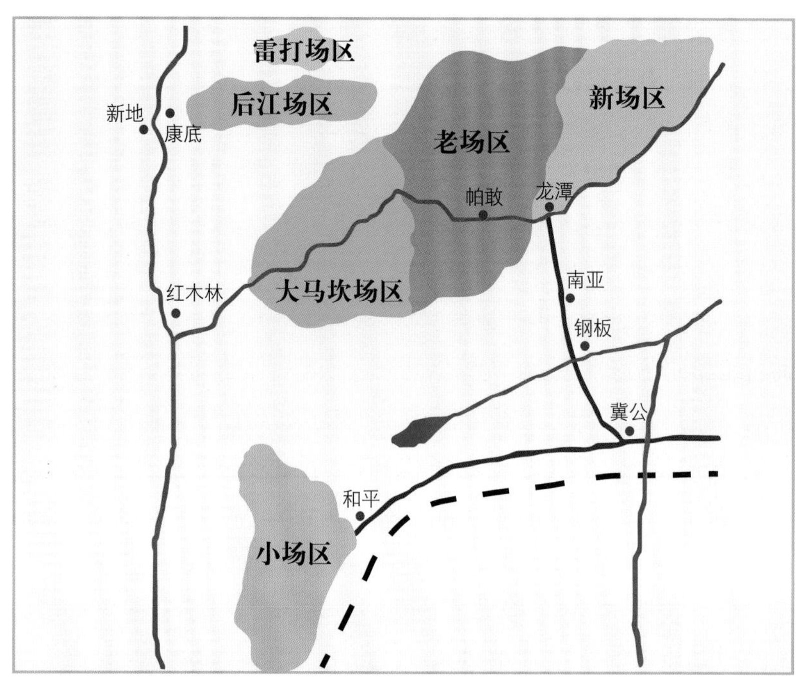

▎六大场区相对位置示意图

此地所产玉石受雷震动，都系小石，有的只有花生米粒大，并且有裂，称“雷打石”，多裂层面一般接近地表，故称“后江头层面”。一般认为，此地玉石多为表生矿，块体低劣，绺裂多、底水干、硬度差，质地疏松，透明度不高，绝大部分不能切割制作，虽然有绿色，但大多属于变种石，其价格十分低廉，鲜有色料和中高档的翡翠出现。不过近些年来，人们逐渐对这个场区有了新的看法。1992年年底，雷打场区发现了一块巨大如屋的优质块体，一时引起轰动。目前具有代表性的场口只有那莫、勤兰帮、勐兰帮等。

(6)新场区

新场区位于乌鲁江上游的两条支流之间，在老场区的东面，开采时间较早。这里是表生矿，玉料位于表土之下，开采很方便，不需深挖便能得到翡翠块体。所出块体以大料为主，但大都没有皮壳，属原生型矿床。产品多是白底见青的中低档料，人们习惯称其为“新场石”。新场区的坑口较多，但使用时间最短，易被废弃，所以消失得也快。比较稳定的场口有：大莫边、小莫边、格底莫、婆之公、莫西萨、邦弄、马撒、三卡莫、卡拉莫、三客塘、莫班洼等。

【缅甸最著名的翡翠产地】

（1）龙肯（即隆肯、龙坑）

在上述六大场区中，以龙肯出产的翡翠质量最好。龙肯位于缅甸西北部，在龙潭附近，岗板西北50千米处，距密支那北136千米，距勐拱西北102千米，坐落在乌鲁江两岸，江上有桥相通。1979年在距龙肯6千米的瓦杰发现一块重达20吨的玉石，1981年正式在龙肯开采，并以1982年大出玉石（称“820”石）而闻名，1986年采得高档玉石400千克。此地玉石的特点是白猪油底，外表表现少，色钻在里面。此地还出一些古代遗弃的玉石料，称为“撤磅石”。龙肯产玉解涨的很多，又称为“AD都”，所产玉石结晶弱，有点颗粒状。龙肯出产优质翡翠的地区长约70千米，宽约20千米，地区面积约1400平方千米。该区域既有原生矿，也有冲积砂矿，以冲积砂矿居多。

（2）帕敢

帕敢位于乌鲁江西岸，距龙肯不远，是一个长条形的村镇，在其周围分布着帕拼、巧乌、三木、麻蒙、莫当、莫现等矿区。在属于帕敢的老帕敢场口对面有个地方叫“勒马拱”，意即挖下去一寸就产玉。帕敢是具有悠久历史的玉石产地，现为玉石厂的主要集中地，住民约两千余户，房屋商店林立。该地以产黑砂皮壳玉石著名。帕敢矿床是冲积或残坡积矿床，位于乌鲁江中游。目前挖掘最深的坑洞已达第五层，约为30米左右。第一层所出的块体几乎都是黄沙皮壳；第二层多见红沙皮壳，并带有蜡皮；第三层为黑沙皮壳；第四层为灰黑皮壳；第五层为白黄皮壳，大多有蜡皮。

各个场口出产的块体虽有所不同，但要加以区别并非易事。通过认识场口，记清各自的特征，方能熟中生巧，做出准确判断。

翡翠的矿床与成因

如果不了解翡翠的矿床类型和矿物学上的成因，很难真正地认识、区分翡翠。

【翡翠的矿床类型】

矿床类型是关于翡翠的重要概念。在缅甸翡翠矿区内，分布着难以计数的大小场口，从地质学的角度，可将其矿床分为原生矿床、次生矿床、原生–次生矿床三大类。

(1)翡翠原生矿床

原生矿床是完全在自然的地质条件下形成的，没有受到过洪水冲击、雨水冲刷、坡积、河流搬运等外力作用的影响。其产出的玉料(山石)通常有棱有角，没有皮壳，常被称为山料、新场玉、新坑、新种或山石等。

翡翠的原生矿床主要分布于雷打场区以及龙肯矿区的北部和西北部，翡翠矿体呈对称条带状产出，条带由硬玉岩、钠长石岩和角闪石岩组成。原生矿床出产铁龙生翡翠、花青翡翠、豆种翡翠、紫罗兰翡翠、磁底和白底青翡翠等品种及干青原料。

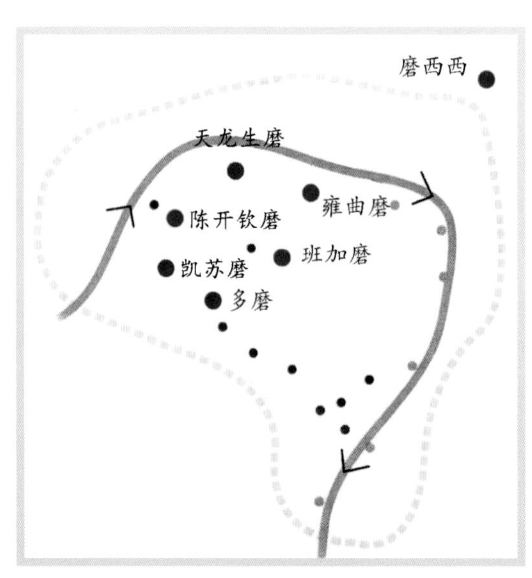

龙肯矿区主要原生矿床分布图

(2)翡翠次生矿床

在缅甸的翡翠矿床中，次生矿床占有相当大的比例。次生矿床是指部分原生矿床因露出地表，受到风化剥蚀、破碎和水流搬运而沉积在河底、堆积于河滩上的卵石状或砾石状的翡翠矿床。次生矿床出产的翡翠原料大小不一，没有棱角或棱角不明显，皮壳很薄或没有皮壳，在翡翠商界被称为子料、老玉、老坑、老场、水石、水翻石、老种等。

翡翠次生矿床主要分布在帕敢、大马坎场区等地及沿乌鲁江两侧地带。缅甸的翡翠次生矿床主要分布为两大类：河漫滩砂矿和高地砾石层砂矿。其中，高地砾石层翡翠砂矿具有相当的堆积厚度，矿床通常分成三层：表层常有颜色鲜艳但质地较粗的翡翠品种出现；中层可见质地佳、颜色好的翡翠品种出现，但丝条绿、淡豆绿、疙瘩绿的翡翠玉料占较大比例；下层可找到色绿、水好、结构致密（种老）的优质翡翠。

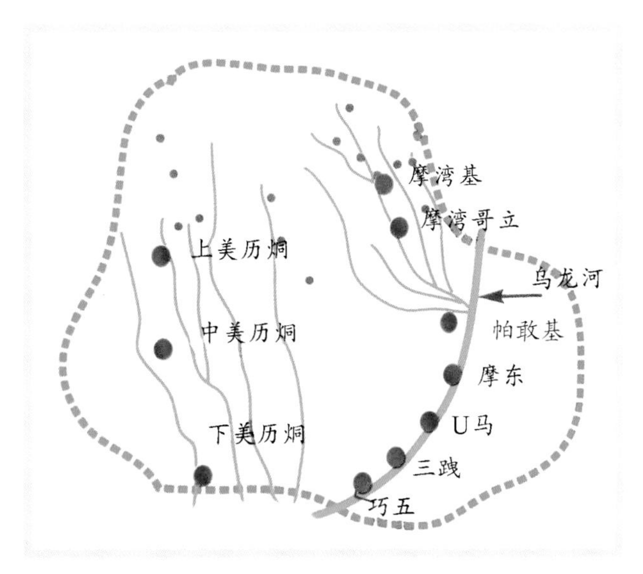

帕敢矿区主要次生矿床分布图

(3)翡翠原生—次生矿床

原生—次生矿床即原生矿床没有经受足够强的风化侵蚀或水流冲击搬运，而处于残坡积层状态下的翡翠矿床，其间出现的翡翠玉料有一定的棱角但不明显，有皮壳但皮较薄或很薄，被人们称为“半山半水石”或“山流水”。

翡翠原生—次生矿床是介于原生和次生之间的一种地质成矿状态，半山半水石中也不乏质纯、水足的品种，其颜色以绿而偏蓝、蓝灰、蓝、蓝紫较为典型。

在原生、次生、原生—次生翡翠矿床中，以次生矿床中出现优质翡翠的概率为多，因而更受到人们的重视。不过，为什么原生矿床出产的翡翠质地粗糙、结构疏松，而次生矿床出产的翡翠则质地细腻、结构致密呢？地质界、珠宝界有一种观点认为：“水能养玉，有水则灵，有水则透。”其原因是次生矿床的翡翠玉料长期受地表水或地下水的浸泡或冲击，再加上水中微量元素和其他地质作用，会发生“水岩反应”，促使玉料的结构和构造良性发育，同时会使玉料中的微细裂隙慢慢愈合。有水的、能发生“水岩反应”的

石灰底新老种手镯

不透明，杂质少，颗粒匀且粗，绿显得干化而不开。

玛瑙种红椿色玉镯

质地细腻，通体红椿，紫气盈盈，色彩饱满，彰显纯洁与高贵，为翠中极品。

地质环境有助于细化结构，使翡翠的质地细腻，透明度提高。有水或无水、潮湿或干燥的环境中，其中产出玉料的玉质是不同的，这已为许多事实所证明。不仅翡翠如此，新疆软玉、俄罗斯贝加尔湖软玉等玉石，都有这一特点。

【翡翠的成因】

不同成分的岩石结构不同，而能够形成翡翠的岩石只有两种，即花岗岩和闪长岩。这两种岩石中均含有石英、长石、云母、角闪石、辉石、橄榄石等。这些石种在高温高压或高温低压的条件下，能不断地分解变质，最后过渡组合为硬玉。这是翡翠的基本成因。

世界上有许多出产翡翠的国家，形成翡翠的条件不同，因此，各地翡翠的成因有各自的特殊性。从缅甸翡翠成矿的地质环境看，缅北地区是印度板块与欧亚大陆的接合部，随着青藏高原的不断隆起，形成了独特的横断褶皱地区。这里有始新世侵入的超基性岩体、河流、丘陵和冲积平地，广泛分布着风化了的蛇纹岩、橄榄岩、蓝闪石片岩、阳起石片岩、绿泥石片岩等，是典型的超高压变质相区域，具备了多种翡翠成因的有利条件。

缅北翡翠玉矿的老场区，出产的翡翠块体发育完整，特征明显，其成因是在区域变质作用下，原生的钠长石分解过渡为新的物种；后江场区的块体，虽属残坡矿床的产物，但其成因是花岗岩类和辉石类在12～14千帕的压强下，受钠质高热溶液的作用，发生变质交代而形成的；小场区的块体成因是岩浆在高压条件下，入侵到超基性岩脉中，迫使残余的花岗岩浆变质脱硅而形成。由此可见，在这三大场区中，翡翠的成因都有差异，这些充分说明了翡翠成因的一般性和特殊性。

翡翠的形成过程极其复杂，这将是矿物学家们长期研究的课题。

翡翠原石的类型

由于成因、地质环境、原生与次生等方面的不同，翡翠块体被划分成了几种最基本的类型。掌握这些类型，是认识区分翡翠的必要条件。

【按照矿床类型划分的翡翠原石类型】

我们经常可以看到翡翠被称为“老种”、“新种”等，这种分类的基础来源于前文介绍的几种矿床类型。具体而言，行业内依照这种分类方式，约定俗成地划定了老种、新种、嫩种、变种四个大类。

(1)老种石

老种翡翠成矿年代早，块体饱满，沙发明显，雾层均匀，底致细密，颜色鲜明，多出于冲积矿床或坡积矿床。老种石的形成经过外动力的风化、剥蚀、搬运、分选等，原石中粗糙、松散、透光性差的结构和发育被磨蚀分解殆尽，而质地细腻、透明度高、硬度较高、绺裂少的高质量翡翠玉璞则沉积保存下来，最终成为了开采次生矿的老场、老坑的出产物，故也被称为老坑种。

老种的成分稳定，结构严紧，硬度强，比重足，发育完善，杂质矿物稀少，颗粒排列方向有序，具备了正宗翡翠的品质，表现出翡翠作为宝石所应有的优点。高档首饰和雕件，无不取材于老种石。玻璃底、糯化底、冰底的翡翠也一定是老种。不过，老种石也有高下之分，自然形成的老种石也存在着这样那样的缺陷与不足。否则，也就显示不出老种石的珍贵和难求了。

老种石的可用率高达75%以上。缅甸每年平均出产的翡翠中有50%以上是老种，其数量占有主要地位。

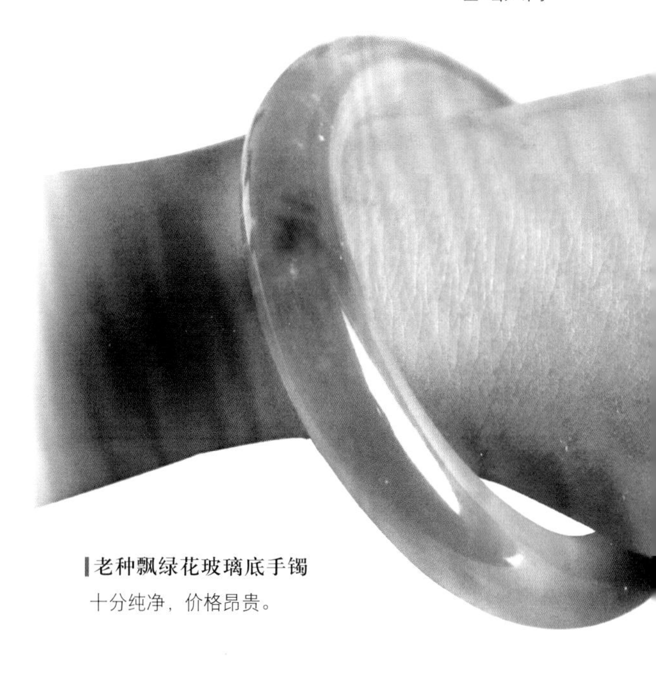

老种飘绿花玻璃底手镯

十分纯净，价格昂贵。

(2)新种石

新种翡翠是指粒度为中粗粒晶质、杂质多、绺裂发育、透明度低、比重小、韧性差的翡翠，是开采原生矿的新场、新矿所产的典型石种，故俗称新坑种、新坑玉等。新种没有风化过程，因而没有皮壳，也没有雾层。这是新种翡翠的基本特征。相较老种而言，新种的致密程度低，韧性弱，易断裂，颜色浅淡而色性显弱。它的比重小，稍软，多为石灰底、灰底、狗屎底，部分润瓷底，一般用来制作B货饰品。但新种的块体较大，底不失玻璃光泽，仍是硬玉中的上品。新种石多用于雕件及中低档饰物。新种翡翠每年占平均出产总量的20%左右。

(3)嫩种（新老种）石

嫩种又称“新老种”，是原生向次生过渡的特殊产物，介于新种和老种之间，即风化剥蚀后残留在坡积物中的翡翠原料。由于搬运距离不远，磨蚀、分选很差，所以其绺裂、杂质发育程度介于新种与老种之间，故称新老种或嫩种。其块体有沙壳，也有水壳，有的有雾

新种灰绿手镯

绿虽均匀但发干不透明，颗粒粗。

新老种，润瓷底

白棉多，但绿较浓艳，呈点状分布，绺裂少，利用率高。

层，有的没有雾层。因风化不足，皮壳厚薄不均匀，沙粒零乱无力，受土壤颜色的浸染比较明显。

嫩种石最大的缺陷是颜色极不稳定，一经切割磨制，颜色容易变淡，且光洁度低。嫩种石多数颗粒大小不均匀，杂质矿物含量也多，表现为润细底、润瓷底、石灰底、狗屎底的为数不少。嫩种如果色泽稳定，还是难得的好翡翠，所以在许多中档以上的饰物中，仍有以嫩种石为原料的。嫩种石的年平均产量占15%左右。

(4)变种石

变种情况是一切自然矿物都会发生的正常现象。从成因上看，许多可以形成翡翠的块体，在变质、交代的过渡阶段，因地质作用发生了异变，而不能成为正宗翡翠。变种翡翠在外形上有翡翠的特征，使人难以辨别。变种翡翠的表现多为场口不明、种和底难分辨、皮肉不分、结构疏松、硬度低、比重小、水短、色邪、易碎裂等。绝大部分变种石都不能进行切割和制作，基本上没有价值。极少数的变种翡翠，可以作为欣赏石保留。变种翡翠混杂在正常翡翠的场口之中，时有发现，每年平均产量也占到15%左右。值得警惕的是，近几年已经因正宗翡翠玉料短缺，许多变种石被制成工艺品流入市场，冒充正品销售。

在翡翠出产地，人们还习惯用“老场石”、“新场石”、“老坑石”、“新坑石”等来区分翡翠，但这些称法只是就翡翠产出的场区、坑洞的新老而言，与上述新种、老种等的分类并不完全一致。

【按照产出状态划分的翡翠原石类型】

如果从产出的状态来区分，翡翠原料可以分为山石（山料）、水石（子料）、半山半水石（坡积料）三大类，与按矿床划分的种类有对应关系。

(1)山石（山料）

山石未受到风化破碎而与原岩长成一体，有棱角或棱角分明，大多数有皮壳，在翡翠界被称为“山料”。由于其为采自山地原生矿的翡翠原料，与上面提到的“新种”相对应，因而也被“新坑新场”或“新种翡翠”。

帕敢山石

(2)水石（子料）

水石是经水土或河流冲刷而成的沉积砂矿中的翡翠原石。水石一般都裹有一层皮，少数滚动在河床里的则无皮。水石质地细腻，没有棱角，或者棱角不明显，在翡翠界被称为“子料”。水石产自

后江水石　　半山半水石

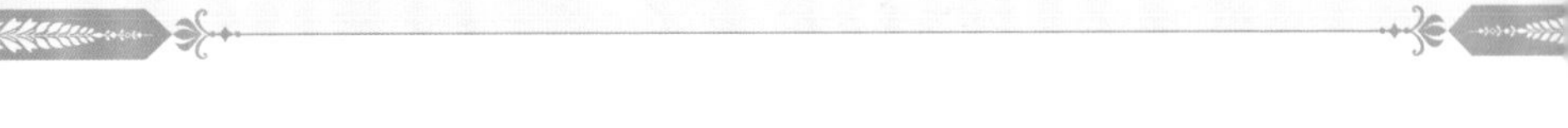

次生矿床中，与上述“老种”相对应，即老坑种玉料，是高档色料的主要来源。由于出自次生矿床，水石的外部特征与产地的地质状况、土壤、植被及水质有密切关系。而场口不同，水石的原石差异也很大。

(3)半山半水石（坡积料）

所谓半山半水指的是石料先为山石，后因地壳运动等地质作用，落入水中或形成于残坡积层中，其棱角特征介于山石和水石之间，皮壳薄或者未完全失去皮壳。半山半水石在翡翠界称为“坡积料”，与“新老坑”、“新老种玉”对应，专家也称其为“嫩种石”。

著名的翡翠场口石

缅甸翡翠几乎年年都有上好石种出现，常常是“石破惊天”，许多场口因而获得了名声，以场口命名的翡翠，也一时名扬天下。现将有代表性的著名场口石及其特征介绍如下。

【帕敢石】

前文已提到，帕敢是缅甸最著名的翡翠产地之一。自16世纪以来，就以帕敢为中心而形成了老场区。帕敢石分山石和水石，少见半山半水石。其中山石沙发均匀，颗粒细密，手感很强；水石皮薄，大多有透感。不论山石和水石，帕敢石皮壳上都有松花表现，底水大都较好，有黄雾和白雾层，凡有颜色，色级都较高。其块体大小不等，小如火柴盒，大到数百千克。帕敢场口周边的桥乌、莫洛根、帕丙、三绝、莫洞等场口所出的块体，同帕敢石极为相似。

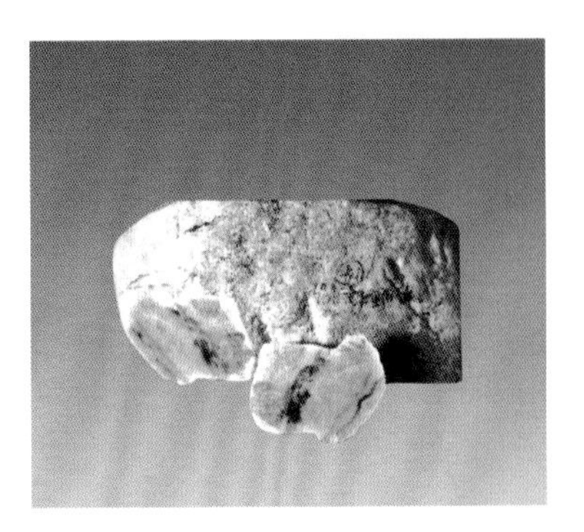

帕敢场口石

老帕敢黑乌砂皮原石

【老帕敢石】

老帕敢石多见为黑乌沙皮，黑似漆，凡有松花、有蟒带、有白雾，必定底好色好，曾以种好、底好、色好久负盛名。老帕敢黑乌沙石的主要特征是蟒上有白癣、底透、绿色纯正。

【麻母湾石】

麻母湾的薄皮黑乌砂石

麻母湾也是老场区的一大场口，与帕敢齐名。这里多为河床沉积岩层，出过许多高档翡翠块体，以产量大、色正而闻名。麻母湾石主要有黄盐沙、黑乌沙，沙发均匀，立体感强。常见雾色有黄、红、白、黑四种。雾串皮时多为木底或灰底，有蜡壳。绿色黄味不足，多偏蓝。

【大马坎石】

以大马坎为中心，所出的翡翠块体统称“大马坎石”。这里是典型的残-坡积地段上的冲积矿床，多以半山半水闻名，其次是水石。块体皮壳一般比较厚，并多显现蜂窝状态，颜色有褐色、红黄色、灰色，少见有蜡壳。大马坎石几乎都有雾层，多见红雾、黑雾、黄雾。有的底透明度高，有的则显“底灰底木”。色级一般比较高，但色味偏蓝。主要特征可以归纳为：色串皮、雾串皮、雾裹色、雾吃色，皮肉难分。

大马坎场口石

半山水，黑黄壳，带状擦口，有横裂。

【后江石】

后江场区是典型的河床冲积场区，虽开发较晚，但多出美玉，名气很大。后江石块体一般较小，细沙壳多呈褐黄色及褐灰色，块体几乎都有裂烂。目前坑洞已掘到第六层。中下层的石质较好，可谓“十石九有水”。后江石的底普遍较好，透明度高。中下层的后江石，经过磨制后，颜色一般都能增加一分以上。常见底水好的绿色阳翠。主要特征可以概括为：皮薄有蜡壳，没有雾；普遍底水好，色绿色多。后江石中有一种大蒜皮壳，颜色红白相混，当地人称为“铁生龙”。铁生龙是最好的后江品种，常见整块满绿，且底水极佳，可买可赌，十赌九赢。

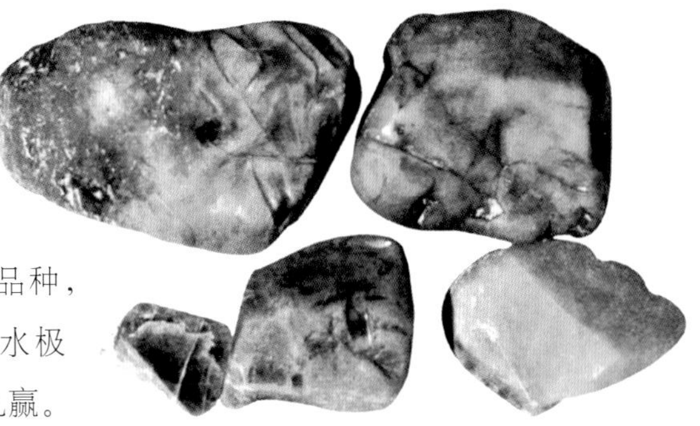

后江石一组

【惠卡石】

惠卡是邻近帕敢的又一著名场口。这里的块体以山石为主，皮壳颜色多种多样，块体硬度高，皮薄而少雾，有的底水不够透明。惠卡石常见在水短的底上，有高色绿或满色绿，块体裂烂多，小者几千克，大者数百千克。主要特征简单说是：脱沙，块体到处有水，底差水短。惠卡石的主要场口有穷瓢、资波。

【赤通卡石】

赤通卡场口的块体以豆种见长，皮壳有白盐沙、黄盐沙、紫红盐沙、沙粒偏粗，有白雾和黄雾，颜色有黄阳豆绿、生阳豆绿，块体有大有小，小者几百克，大者数百千克。与其相似的场口有大古地、马拿。

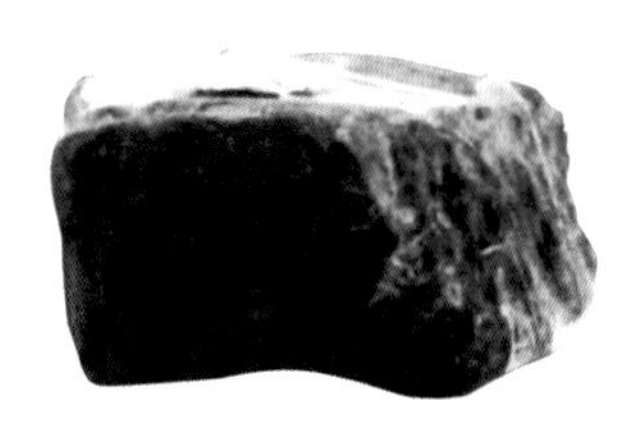

惠卡场口石

【苗毕石】

苗毕石的沙皮多为黄色或灰黄色，有白雾黄雾，底水较好，绿色偏蓝。苗毕石的特征是以亮绿见长。

【莫敢石】

莫敢石的沙发偏粗，但立体感强，均匀而规整，常见为黄盐沙和白盐沙。莫敢石有雾者不多，一般底为白水底，也有少量的玻璃底。莫敢石不仅水好底好，而且裂纹少、包体少，凡有绿色，色级都较高，满绿色者多见。这个场口大块体不多，产量较低。

【南奇石】

南奇场口石

南奇是小场区的主要场口，所出产的块体有黄沙皮石、半山半水石、水翻沙石。没有雾，绿色偏蓝，偏灰，甚至带黑。底好的大多有绿色，底丑的少见有颜色。其特征是：皮薄，有皮种老，无皮种嫩，绿色偏蓝，近似南奇场口的有莫罕场口。

【莫六石】

莫六是小场区的又一著名场口，其石近似南奇石。种老者颜色较深，但绿色不够阳气，底水却好。特征是绿色偏青。

莫六场口石

【马撒石】

马撒是新场区的重要场口，以原生矿石为主。块体大，无皮无雾，虽有绿色，但一般都显浅淡。

翡翠原石的分类还有许多方法。如果按原料外皮分类，分为砂皮石、水沙石、蜡皮石、漆皮石、石灰、皮石等；如果按有无外皮分类，分为赌货、明货和半明半赌货；如果按工艺用途分类，又分为色料（块大正绿的高档原料）、手镯料、花件料、摆件料、砖头料（以克论价的低档原料）等，不一而足。

鉴定技巧

翡翠的种、水、色

种、水、色是鉴定翡翠品质最基本的三个角度。

【翡翠的种与品质】

“种”是一个复杂的概念，在不同场合所指的内容也有很大差别，归纳起来主要有三种含义：一是指矿床类型，如“老种”、“新种”、“新老种”，这个意义上的“种”直接指明了翡翠品质的高下；二是指透明度，例如“有色无种”、“透明度高则种好，反之则种差”；三是指颜色与透明度的关系，如“花青种”、“白底青种”等，这是“种”最常用的含义，用于区别翡翠的品种。

而无论使用哪一种含义，“种”说明的都是翡翠的结构。比如，变结晶结构中硬玉矿物粒度越细，翡翠的种就越“老”，透明度就会越好。又如，如果粒度大小与排列程度均匀有序，就会种老水好，表现在翡翠上的绿色就会有灵气，不呆板；如果粒度大小悬殊，翡翠的质地就会疏松、透明度差、种新。再如，老种翡翠的硬玉含量达到了硬玉的理论含量，杂质极少；而若翡翠内的杂质含量增多，就会使玉种变新，质量下降。

种的高下分布有一些规律，例如：翡翠中的玻璃底、糯化底、冰底的都是老种；翡翠中润细底、润瓷底、石灰底、灰底及狗屎底

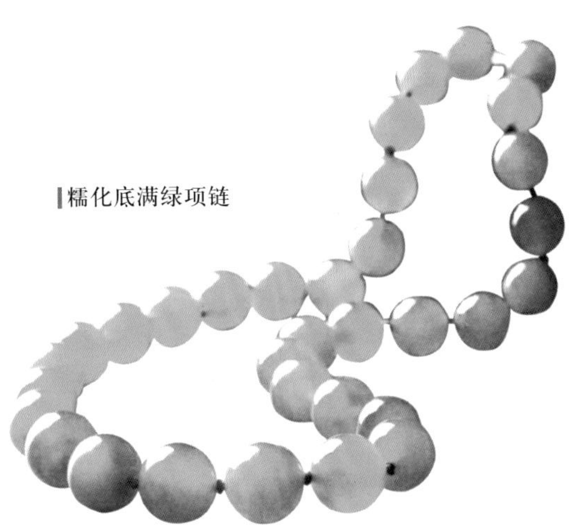

糯化底满绿项链

的，大多为新种或新老种，部分为老种；而绿色很纯的翡翠为老种（豆种的除外，因其虽绿色鲜艳，但颗粒粗大疏松）；紫色、紫红色的翡翠，一般为新老种，行业有“十紫九木”之说，即紫色翡翠中绝大多数种新水短。

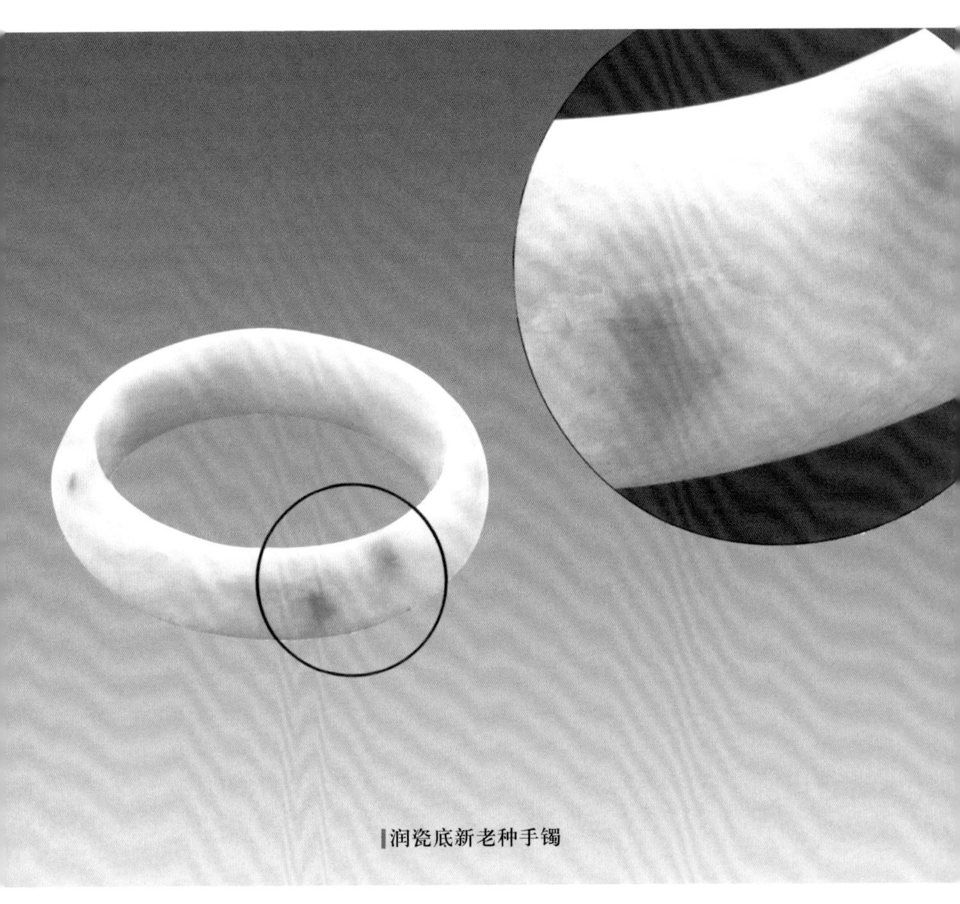

润瓷底新老种手镯

翡翠料透明度测定

【翡翠的水与品质】

“水”指翡翠的透明度，即透过光的能力，它是光经过翡翠表面反射和内部折射产生的效果，烘托着翡翠内在的美感。高档翡翠宝光灵动，妩媚滋润，主要也是因其高透明度。一般认为翡翠透明度可分为透明、亚透明、半透明、微透明及不透明等级别。透明度是评价翡翠的重要标准之一，而水的好坏，也直接影响到种的优劣。

翡翠饰品透明度（水）分级表

级别	透明度（水）	阳光透进程度	常见品种
1	透明	10毫米以上	纯净无色老种玻璃底品种
2	亚透明	6～10毫米	部分浅绿老种玻璃底品种
3	半透明	3～6毫米	各品种的特级翡翠
4	微透明	1～3毫米	部分特级翡翠、绿色虽浓但含杂质粒粗
5	不透明	阳光透射不进	色浓、地差、杂质多、粒度粗细不均

影响翡翠透明度的有六大因素：翡翠的内部结构、晶质类型、颜色、厚度、杂质元素和杂质矿物，其影响表现各不相同。

(1)结构对透明度的影响：硬玉颗粒结晶越粗，结构就越松散，透明度就越低；反之，颗粒越细小均匀，粒间隙越小，结构就越紧密，透明度就越好。

(2)杂质元素、杂质矿物对透明度的影响：组成翡翠的硬玉集合体越单纯洁净，透明度就越高；而如果翡翠中含有较多非硬玉矿物（如角闪石、沸石等），阻隔了光线，透明度就会变差。

(3)颜色对翡翠透明度的影响：颜色越深透明度越差，这是由翡翠颜色的成因所决定的。

(4)厚度对翡翠透明度的影响：厚度越大透明度越差。然而，翡翠饰品一般要大于6毫米厚时，才具有抗破碎能力。在6毫米以上的厚度中，透明度高低区别显得特别明显。

除此之外，光线强弱也会影响透明度。

影响翡翠透明度的许多因素无法改变。要改善翡翠的透明度，只能除去翡翠内部杂质元素、杂质矿物及包裹体，或者采用厚度来调节翡翠的透明度。但上述办法必须不破坏翡翠内部结构构造，才会获得认可。

【翡翠的绿色与品质】

“色”指翡翠的颜色。颜色是光照条件下，翡翠最直观、最醒目、最重要的物理性质，也是其魅力的首要来源。翡翠颜色丰富多彩，常见绿、白、红、紫、青等颜色，其浓、艳、淡、雅、冷、暖各不相同，而橙、黄、蓝、灰、黑、白等诸色也无不包容，所谓“三十六水、七十二豆（绿）、一百零八蓝”。

绿色是翡翠最重要的颜色，不同的绿色也是“色差一等，价差

透射光下浓绿的翠色

老种金镶玉观音

透射光下，水足色浓。

十倍”。所以，准确判断各种色调，精确认定绿色调的正、邪、浓、淡，是评估翡翠的基本技能。

在鉴别中，我们应该了解影响绿色色调的以下几个主要因素。

（1）杂质元素、杂质矿物等：铁及其他黑色金属元素渗入到翡翠的绿色调里，能使绿变深、变暗，同时影响饱和度(纯度)或鲜艳度，使翡翠的绿色调发不出纯正的绿色宝光而发灰。而铬铁矿、角闪石、绿辉石、钠长石、钠铬辉石及沸石等矿物，不但影响翡翠的亮度与饱和度，还使翡翠的绿色变成灰绿、黑绿甚至黑色。此外，致色的铬离子含量过高或过低都影响翡翠的亮度，从而影响翡翠的价值。

(2)**翡翠的种、水**：翡翠粒度大小不均、结构疏松，会使绿色分布不均；翡翠粒度细小均匀、结构紧密，铬离子能均匀分布在其晶格中，绿色就会均匀亮丽。翡翠水好，绿色就显得水灵、有活力；水差，则绿色表现得刻板死沉。

(3)**翡翠的裂隙**：翡翠内的裂隙发育并被后期矿物充填后，会影响翡翠绿色的完整性和均匀性。

(4)**翡翠的厚薄**：在翡翠亮度(深浅)一致的情况下，若要绿色达到不浓不淡，就用厚度来调整。但绿色在翡翠内的形状厚度不可变更，若绿色浅淡而翡翠内缺少厚的绿色部分来增厚，就无法用厚度来调整绿的色调。

(5)**视觉因素**：在雪白的底衬上放置绿色的翡翠，特别亮丽；而放在灰色或黑色或红色等颜色的底衬上，绿的亮丽度就会降低。在观察翡翠玉石时，要注意不同光源、不同底衬下的观察评估。

(6)**海拔高度及光线**：人们到缅甸、云南看翡翠饰品时，感到绿色中有带黄味的美，但拿到内地，黄味没有了，绿色也没有那么亮艳了。这是因为高海拔、空气稀薄、紫外线强烈会使绿色感强；而在海拔低的地方，因为大气层厚影响紫外线的穿透，对翡翠的绿色会产生影响。

(7)**心理因素**：当心情低落、天气阴冷时，人们对绿色的反应比较迟钝，辨色能力也会下降；当阳光明媚、心情舒畅时，人们对绿色反应变得敏感，色彩感觉更加细腻。在评估或购买翡翠时，心情要平稳镇静，不能受外界的影响。否则一旦头脑过热成交，可能后悔莫及。

翡翠的底与翠性

除了种、水、色之外，底和翠性同样也是综合鉴定翡翠质量至关重要的角度。

【翡翠的底与质量】

民间称“底”为“地张”、“底张”或“底章”等。“种”和“底”是两个不可分割的概念。对于某一块翡翠来说，可能既有底，又有种，这时底是指颜色较浅的基底部分，而种则是指颜色较深的颜色部分。

确切地说，“底”是指翡翠的纯净度以及其与水、色彩之间的协调程度，也包括“种”、“水”、“色”之间相互映衬的关系。满足以下几点，才能说是“底好”：首先，翠与翠之外的部分要协调，若翠好，但其他部分水差、杂质、裂纹、脏色多，那么就是“色好底差”；其次，水和种要协调，如果种、色和水均好，且杂质、裂

翡翠独钓寒江

南阳国际玉雕节获奖作品，图片提供：王景伟、李政达。

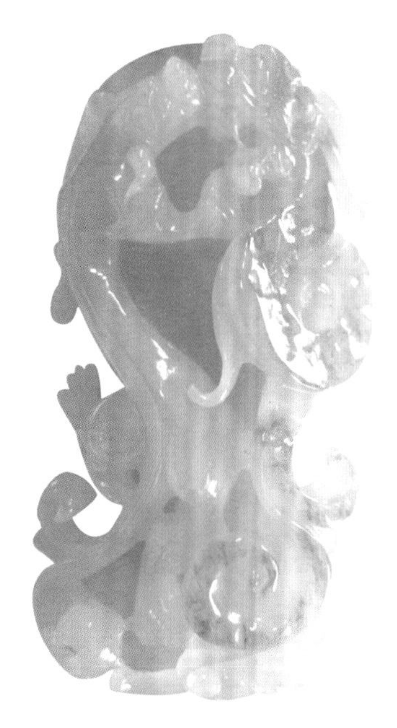
糯化底黄翡双龙牌

纹、脏色少，相互衬托，才能强烈映衬出翡翠的润亮及价值；另外，底的结构应细腻，色调应均匀，瑕疵越少越好。总而言之，看底要形成对翡翠的一个综合观感——只有种、水、色、度都好，才能称得上好底。

翡翠的“底”从好到差，可分为：玻璃底、糯化底、糯玻底、糯冰底、冰底、润细底、润瓷底、石灰底、灰底及狗屎底等，水差的翡翠称“底干”。下面介绍这10个种类。

(1)玻璃底：透明无杂质，结构细腻均匀，隔 1 厘米厚翡翠也能看清字或物，种老水好，全由硬玉组成，非常纯净，不含任何杂质，质量最佳。

(2)糯化底(又称“蛋清底”、“芙蓉底”)：透明至微透明，色泽混沌均匀化得开，无杂质，属老种，质量很好，仅次于玻璃底。

(3)糯玻底与糯冰底：介于玻璃底与冰底之间的底。

(4)冰底（又称“稀饭底”、“冰糖底”）：除冰碴状物外，无其他杂质，属老种，质量好。

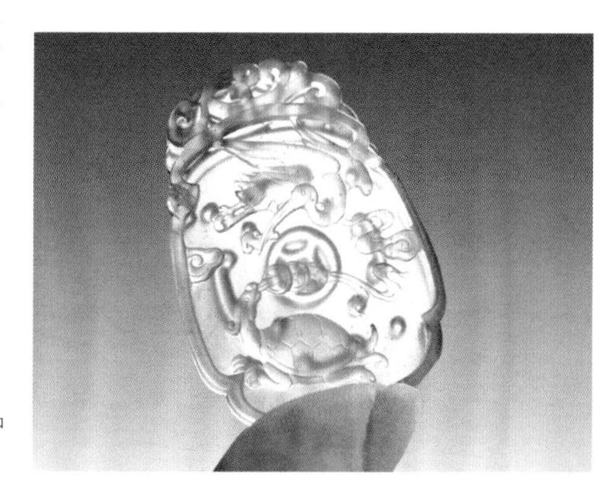
无色冰底龟令鹤寿挂件

不超三分之一微量冰渣，为冰底中的“冰少底”。

(5)润细底：亚透明至微透明，结构（质地）细润，底白洁净，带翠时俗称“白底青”。

(6)润瓷底：微透明到不透明，色底如瓷，杂质有多有少，略显呆板。

(7)石灰底：不透明，色如石灰，底发白，结构（质地）粗糙，杂质多，有绿时俗称“干青”。

(8)灰底及狗屎底：底很“干”，杂质含量多。底发灰不干净、有杂质时称“狗屎底”；有绿时称“干青”。

润细底翠色龙印章

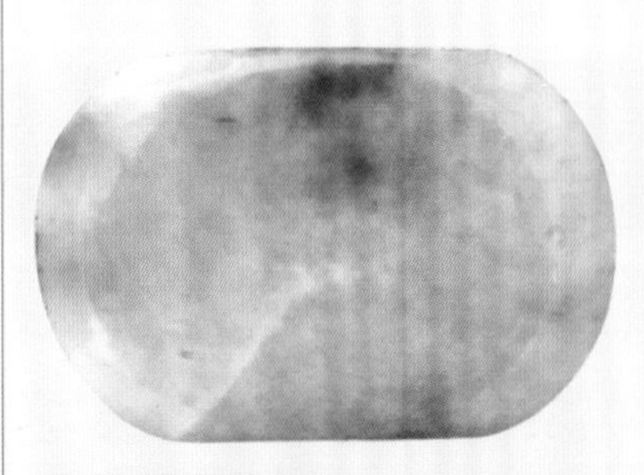

石灰底新老种挂件

底颗粒粗，绿色显呆板，微透明至不透明。

【翡翠的翠性】

“翠性”指翡翠晶体解理面的反光，是翡翠的主要标志之一。翠性大小说明翡翠颗粒的粗细：当翡翠的平均粒度在0.2毫米时，肉眼观察不到翠性，翡翠种、水较好；而当平均粒度大于0.35毫米时，肉眼可明显观察到翠性，透明度差，一般来说是新种或新老种翡翠。

翠性俗称“苍蝇翅”，因为解理面在光线照射下，出现的一个个犹如苍蝇翅膀的亮白色反光小面的特征。“苍蝇翅”往往呈

干青底摆件

长条状或不规则片状出现。是否具有“苍蝇翅”现象，是鉴别翡翠真假的一个重要标志。

然而，并不是所有翡翠制品都有“苍蝇翅”。在表面变化大、难以抛光的成品中，“苍蝇翅”往往容易见到；但在手镯、戒面等较容易抛光的翡翠成品中，“苍蝇翅”则难以见到。因此，尽管“苍蝇翅”现象是作为翡翠真假鉴别的重要标志之一，但并非唯一标志。

观察“苍蝇翅”需要一定的诀窍：一是要在翡翠反光面上观察；二是观察部位应尽量避开抛光较好的部位，应在抛光不完全或面积较大、不易抛光的部位进行观察，如弧形翡翠戒面的底部平面位置、手镯的内圈部位；三是尽量寻找翡翠结晶粗糙的部位进行观察。

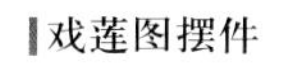

戏莲图摆件

戏莲图上半部放大图

可见明显苍蝇翅现象。

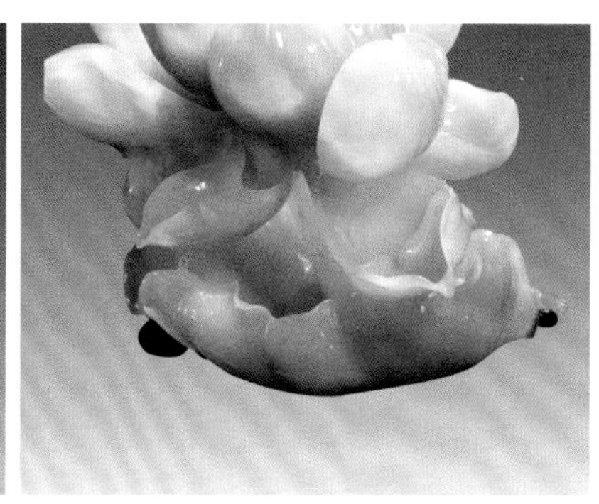

戏莲图局部

可见明显翠性。

翡翠等级的划分

按照在市场上的价值或价格来分档，是一种实用、简便的等级划分方法。就翡翠等级的划分来说，缅甸与我国有不同的标准。

【缅甸对翡翠原石的分级】

缅甸主要针对翡翠的原石进行分类(级)，其指标是：颜色、粒度、结构、透明度和裂纹。依此，缅甸国家宝石公司在仰光宝石交易会上将翡翠原料分为A（高级）帝王玉、B（中级）商业玉和C（普通级）普通玉三大类，其中普通玉又分为三个级别。

金镶小钻豆荚老坑绿水挂件

（1）A（高级）帝王玉

这是特高档、高档翡翠。其特征为：颜色翠绿至正绿，透明至半透明，为细粒变晶至隐晶结构，无裂。如老坑种翡翠，翠绿纯正，浓艳均匀，透明度佳，粒度极细小，在10倍放大镜下很难发现硬玉晶粒，结构均匀致密。帝王玉一般呈脉状分布于翡翠原石中，产量不大，仅在少数产地(场口)出产，产出最多时也不足该场口年采矿总量的1%。因

此，其价格昂贵，市场上以克拉(Ct)计价，其价格是商业玉、普通玉的万倍以上。2009年缅方标价为每克拉300～900美元。

镶钻高绿翡翠吊饰

(2) B（中级）商业玉

这是中高档、中档翡翠，有玻璃种、冰种、芙蓉种、紫罗兰、蓝花冰、红翡等品种。其颜色为黄绿、蓝绿、紫、红、橙等或无色多种色调，颜色浓淡不匀，一般以透明至半透明者居多，为细粒变晶或交织结构，无裂。其中，玻璃种透明度佳，但颜色很淡甚至无色，粒度细小。除玻璃种以外的商业玉，在10倍放大镜下容易发现硬玉晶粒，结构较为致密。商业玉在翡翠中占有较大比例，约为翡翠年开采量的20%～35%，主要用来制作中档、中高档的饰品。玻璃种价格较贵，以克(g)计价。其余商业玉市场上以千克(kg)计价，2009年标价为每千克40～300美元(平均价格)。

(3) C（普通级）普通玉

这是中低档、低档翡翠，如油青种、马牙种、粗豆种等翡翠。一般呈白、油青、淡蓝、灰白等颜色，透明度较差或差，粒度粗糙，肉眼可见硬玉晶粒，结构疏松，常有裂纹或少许裂纹。其年产量占翡翠总开采量的60%～70%，是玉雕工艺品的重要原料之一，亦可制作低档翡翠饰品。普通级玉细分为三档：普1，淡蓝、微绿，半透明，中粒至细粒变晶结构，无裂；普2，淡蓝、淡青、油青、绿墨，粗粒变晶结构，无裂或者少裂；普3，白、灰白、灰，粗粒变晶结构，无裂或少裂。这种级别的原石价格低廉，市场上以千克(kg)计价。2009年缅方标价为每千克15～40美元。

仰光宝石交易会翡翠原石质量分类分级表

类别	名称	级别	颜色	透明度	粒度、结构	裂纹
1	帝王玉	高级	翠绿、正绿	透明至半透明	粒度非常细小、结构均匀致密	无
2	商业玉	中级	黄绿、蓝绿、紫红、橙红等	透明至半透明	粒度细小、为粒柱状变晶结构或交织状结构	无
3	普通玉	普1	淡蓝色、微绿	半透明	粒度较小、呈粒柱状变晶结构	无
		普2	淡蓝、淡青	半透明至微透明	粒度较粗、肉眼可见，粒柱状变晶结构	无或较少
		普3	白、灰白、灰	微透明至不透明	粒度粗、肉眼明显可见，粒柱状变晶结构	无或较少

【中国对翡翠商品的分类（按价值和稀少程度划分）】

根据每件翡翠在市场上的价值，中国翡翠界将翡翠商品分为特级、高档、高中档、中档、中低档、低档六个类别。

（1）特级翡翠（增值、珍藏传世品）

此级别翡翠产量十分稀少，颜色、质地、透明度、光泽、底等物理性能和工艺、净度、绺裂等各项指标完美无缺，甚至具有特殊的人文历史背景，仅为首饰专用，每件价值高于100万元。在翡翠玉件中，特级翡翠的数量不超过0.1%(仅限于满绿老坑种)，玉件的重量可以偏小，但不小于20克。

（2）高档翡翠（保值、增值收藏品）

高档翡翠产量稀少，其颜色、质地、透明度、光泽、净度等各项物理性能都很好(重量可以偏小)，允许有少数瑕疵，每件价值在20万元到100万元。高档翡翠的数量在全部翡翠中不超过0.9%(如玻璃种、较绿的老坑种等)，指近于全绿的玻璃底老种翡翠或者多彩色老种翡翠，为首饰专用。

（3）高中档翡翠（高雅装饰品）

高中档翡翠在质地、颜色、透明度三项指标中有两项好、一项较好，或者无色但质地、透明度很好，同时其余各项质量指标均挑不出不足，每件价值在10万元到20万元。高中档翡翠的数量所占比例不超过4%(有冰种、芙蓉种、金翠种、福禄寿、紫罗兰等)。

（4）中档翡翠（时尚装饰品及雕件）

中档翡翠为常见翡翠，有一定颜色及透明度，但与高档翡翠相比明显逊色。其在质地、颜色、透明度三项指标中有一项够高中档条件，一项一般，其余各项质量指标中允许有两项不足，但工艺精湛，且仍属老种，每件价值在0.2万元到10万元。其数量所占比例约为45%(有糯化种、紫罗兰、红翡等)。中档翡翠多用于制作雕件及低档首饰。

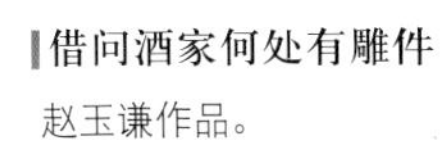

借问酒家何处有雕件

赵玉谦作品。

（5）中低档翡翠（普通装饰品）

中低档翡翠在质地、颜色、透明度、光泽四项指标中有一项较好，三项一般，其余各项质量指标中工艺、净度、底一般，每件价值在500元到2000元。其数量所占比例约为25%(见于粗豆种、油青、干青等)。

(6)低档翡翠（一般装饰品）

低档翡翠产量较大，透明度较差，质地、颜色、光泽、透明度四项指标都一般，玉件存在裂隙或瑕疵，或有工艺粗糙、底灰暗等不足，但因属于具有玉质的翡翠，常作雕件及低档首饰，一般每件价值在500元以下。其数量在全部翡翠中约占25%(如马牙种、粗豆种、油青、蓝黑、水浸、巴山玉等)。

翡翠按价值分类参考表

序号	档次	价值范围（人民币）	比例／%	备注
1	特级	＞100万元	≤0.1	仅限于满绿老坑翡翠
2	高档	20万～100万元	≤0.9	满绿老坑翡翠
3	高中档	10万～20万元	≤4.0	玻璃种，较绿老坑种
4	中档	0.2万～10万元	45.0	价值三要素中至少1、2项好，工艺佳
5	中低档	500～2000元	25.0	
6	低档	＜500元	25.0	

在衡量翡翠的档次时，不可机械地套用以上价值范围，还应该考虑翡翠饰品的尺寸或重量大小。如一枚重量不到1克的翡翠戒面价值2000元，一件很小冰种或玻璃种的玉佛价值为2000元到3000元，都不应该视其为低档翡翠，应归入中档翡翠或亚中档翡翠之列。

32个常见翡翠品种

翡翠的品种繁多，划分方法不一，在这里对常见的32个翡翠品种的档次、特征、鉴别方法一一介绍，希望能使读者对翡翠的品种有一个基本了解。

【老坑种翡翠】

特点为质地细腻、纯净无瑕，鉴别时若仅凭肉眼则极难见到“翠性”。其颜色为纯正、明亮、浓郁、均匀的翠绿色，透明度非常好，一般具有玻璃光泽，在光的照射下呈半透明到透明状。若透明度较高，可称“老坑玻璃种”，是翡翠中最高档的品种。

【玻璃种翡翠】

玻璃种是最好的翡翠品种，给人冰清玉洁、珑玲剔透、翠水欲滴之感，是山川大地亿万年之精华。其特点为：结构细腻、粒度均

老坑种多色翡翠原料

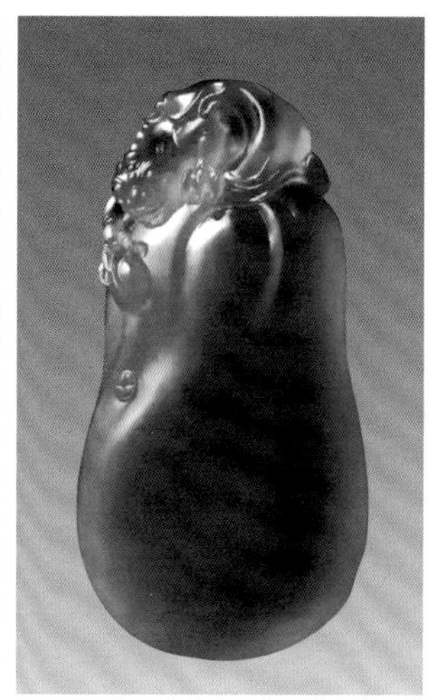

老坑龙种福瓜吊坠

匀一致，晶粒最小粒径达到0.01毫米，1.2毫米的面积上可能分布有10000个矿物颗粒，完全透明，光泽极佳。其组成成分单一，无杂质或其他包裹物，如玻璃一样均匀，即使是厚1厘米的“种”也通透晶莹，如水晶一般。玻璃种韧性很强，敲击时音质清脆，颇符合古人“金声玉振”的美誉。

玻璃种翡翠的质地和老坑种翡翠相近，但也有不同之处。老坑种有色，玻璃种一般无色或“飘蓝花”，行话称“白玻璃”。因为无色，玻璃种透明度稍好。较好的玻璃种在光照下“荧光”闪烁，行话称“起荧”或“起杠”，即表面带有一种隐隐的蓝色调浮光游动。天然翡翠通常无任何荧光，凡起荧的玻璃种，均是上品中的极品，极具收藏价值。

玻璃种带翠色的翡翠很罕见，如果带色，则浓艳夺目，色正不邪，色阳悦目，色调均匀，业内称为“色玻璃”或“老坡满绿玻璃种”，是翡翠中的极品，即便在收藏者眼中也属极其罕见。

【冰种翡翠】

冰种属第二好的翡翠，也称“籽儿翠”，水头特佳，“有种无色”。其质地与玻璃种翡翠相似，透明度略低。冰种翡翠外层光泽很好，呈半透明至亚透明；而玻璃种则质地更加细腻，有“刚性”，表面光泽更强。玻璃种能发出“荧光”，冰种却不能或不明显，且常含点状或小块状“白棉”。与玻璃种不同之处还有，冰种只有三分温润，却有七分冰冷，恰如其名。

冰飘兰花佛祖挂件

质量最好、透明度最高的冰种，被称为

翡翠自在观音菩萨

“高冰种”（即是冰种中最好的，但又未达到玻璃种的程度）。虽然冰种不如玻璃种珍贵，但在市场交易中，除有人故意滥称“冰种”外，真正的冰种其实很少。行内赞美冰种翡翠：手镯洗尽浮华尽显沉静，是成熟女性的绝佳首饰；吊牌一扫浮躁，只留沉稳厚重，是成功男士的最好选择。

冰种翡翠因颜色不同，价值千差万别，由低到高依次为：无色、清青、蓝水、飘蓝花〔含冰种淡绿、冰种黄（红）翡〕、翠绿等。

【水种翡翠】

水种翡翠也有玻璃光泽，且透明如水，与玻璃种类似，但有少许水的掩映波纹，或者有少量绺裂（暗微裂），或者含有其他不纯物质，应算作是质量稍差的玻璃种，也属上品，价钱较贵。也有行家说水种翡翠是色淡或无色的、质量稍差的老坑种翡翠。水种的质地较老坑种略粗，光泽、透明度也略低于老坑种或玻璃种，而与冰种相当。水种翡翠常见有四种情况：无色的叫“清水”，有浅而匀的绿色叫“绿水”，有匀而淡的蓝色叫“蓝水”，有浅而匀的紫色叫“紫水”。市场上的价格以清水、紫水为上，绿水、蓝水次之。

水种手镯

【糯化种翡翠】

糯化种的透明度较冰种略低，像是浑浊的糯米汤一样，属半透明范畴。糯化种又可以分为糯冰种和糯米种。

玻璃种、冰种与糯化种可用一种方法简单区分：将同样厚度的翡翠放在有文字的印刷品上，透过翡翠能清楚辨字的是

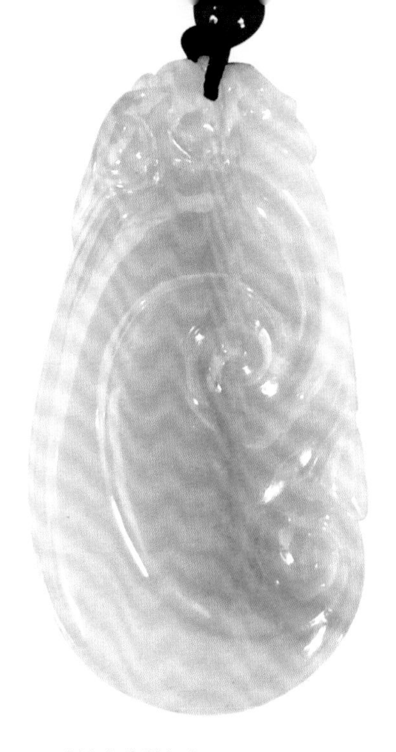

糯冰种翠如意坠

玛瑙种糯汤底翠如意玉牌

玻璃种，能看清轮廓不能认出字的是冰种，而只能看到有字但看不出字轮廓的是糯化种。

玻璃种、冰种和糯化种的翡翠质地细、透明度高，所以雕刻时一般采用浅浮雕技法，所刻纹饰、图案也尽量简化，行话称“保料透水”。

糯化种翡翠成品多见于手镯或小挂件和牌片。糯化种翡翠上若能飘浮些绿、蓝绿等颜色的“花”，就被称为“水底飘绿花”或“水底飘蓝花”，价值也较高。“水底飘花”的手镯若没有绺裂，也可以进入收藏者的视线。

【玛瑙种翡翠】

玛瑙种顾名思义，其质地光泽与玛瑙相似，呈玻璃光泽。玛瑙种质地像玻璃种那样细腻、纯净，但透明度低于冰种，呈半透明，十分温润。

玛瑙种翡翠包括浓艳的翠绿色、黄色、红色、油青色、蓝水、瓜青色、紫色等颜色，有时还会有两三种颜色分布在一块石料上。对于追求色好种好的翡翠爱好者来说，玻璃种、冰种、水种等产量少、价格高，而玛瑙种则可作为重点选择对象。

【紫色种翡翠】

紫色是中国帝王和道教崇拜的颜色，所谓“紫衣绶带”、“紫气东来”。自古以来，紫色就是神秘、富贵、华丽的象征。紫色种翡翠是一种特殊的品种，紫色一般都比较淡，像紫罗兰花的颜色，行内称为“椿”。紫色翡翠因产量较少，是比较名贵的品种。用紫罗兰种翡翠制作的首饰，紫若云霞，贵气袭人，宛若贵妇姗姗而来。因色调略有不同，紫色种翡翠常见的有以下几种：

(1)**淡紫罗兰翡翠**：质地细腻，微透明，灯光下为淡紫色，自然光下几乎呈白色，属中低档翡翠。

(2)**紫罗兰翡翠**：紫罗兰色，颜色均匀，质地有粗有细。“十椿九棉”，即此种翡翠常出现白棉、石纹及一些细小裂纹。决定其价值的主要是紫色的浓淡和质地的粗细。

紫罗兰翡翠手镯

(3)**茄紫色翡翠**：因颜色与紫色茄子相似得名，行内称“茄椿”，紫色偏蓝、偏灰，质地细腻，多为藕粉底，微透明，光泽较好，部分玉料含点状“白棉”，属中档翡翠。如紫色过于偏蓝，称“蓝茄”，其档次、价值降低。

(4)**粉红色翡翠**：行内称“红椿”翡翠。质地细腻，光泽温润，微透明状，颜色艳似桃花，惹人喜爱，属档次较高和具有收藏价值的翡翠品种之一。

(5)**粉彩翡翠**：带有白色条带的紫色翡翠，以紫色为底，玉肉组织中的硬玉晶粒较粗，白色与紫色的分界明显。尽管不透明或微透明，但光泽明丽柔和，极为耐看，做成项链一类首饰，既显高雅大

▎椿带翠三阳开泰摆件

▎椿带彩玉兰花开雕件

方，又别具风采。

选择紫色翡翠，不要在黄色灯光下看，因为紫色会显得深而美丽。最好在晴天有云的自然光下看。紫色翡翠价值从高到低依次为：冰种满红椿色翡翠、玛瑙种满红椿色翡翠、藕粉种茄紫色翡翠、藕粉种紫罗兰翡翠、豆种淡紫罗兰翡翠。不过这个排序并非绝对，如果得到怪桩（蓝色翡翠）的蓝椿，价格变化则有较大弹性。此物虽非极品，却是玉商和收藏者愿意珍藏的品种。

【椿带翠翡翠】

以紫色为底，带有翠绿色，或紫色、绿色大致相等的翡翠，通常被称为“椿带翠”。“椿带翠”翡翠以紫得热烈或温馨、绿得鲜活而纯正、紫和绿对比鲜明者为佳。

【椿带彩翡翠】

紫色为底带有红色的翡翠，通常称为“椿带彩”。其玉料具有吉祥色彩，一般用来制作佛像等雕件，这类工艺品长久以来都受到人们的喜爱。

【白底青翡翠】

白底青是常见的翡翠品种，品质一般，常有细小的绺裂分布。白底青的命名非常形象：以洁白如雪的白色为底，翠绿的颜色如“云朵”飘浮，“云朵”多成团、成块、成片或成岛屿状浮在底上，而没有与底融合统一。白底青很容易鉴别：绿色呈斑状分布，结构致密，大多呈不透明或微透明；质地细腻但不温润，肉眼能辨出晶体轮廓；在30～40倍显微镜下，其表面常见孔眼或凹凸不平的结构。敲击白底青翡翠物件，其声音略带金属的脆声。

该品种属中档翡翠，往往做成

翡翠须弥仙境摆件
图片提供：唐书涛

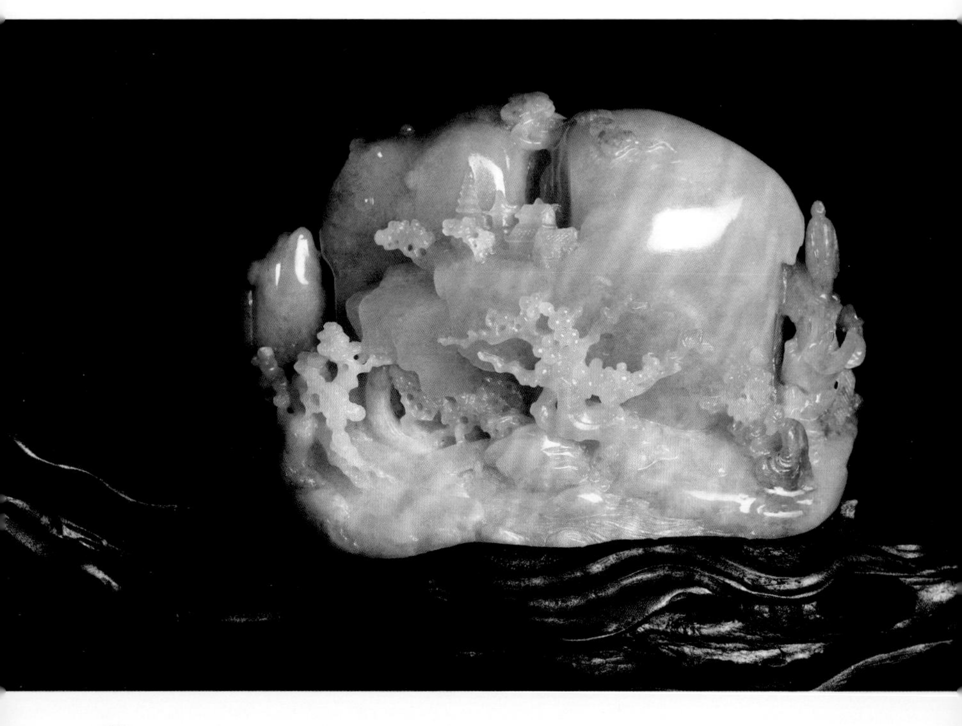

小型摆件或饰件，利用其各种形状的绿色进行创意，俏色巧雕为具有吉祥寓意的摆件和饰品。少数绿白分明、绿色艳丽且色形好、色底极为协调的白底青，经过良好的设计加工，也可成为高档品和收藏品。

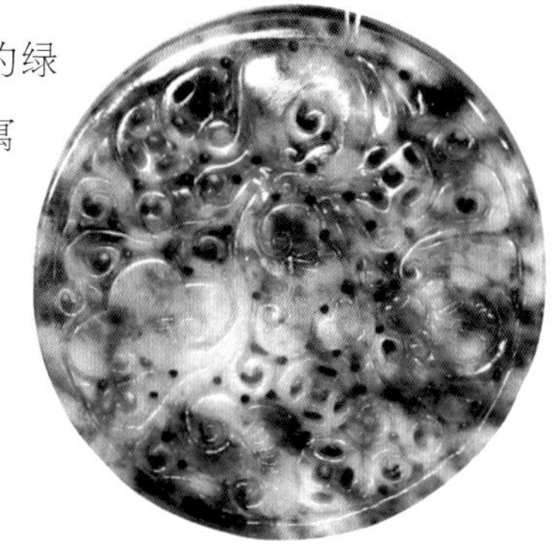

花青饰件

【花青翡翠】

花青翡翠指颜色较浓艳、分布成花布状、不规则也不均匀的翡翠。花青种呈透明至不透明，依质地又可分为糯底花青、冰底花青、豆底花青、普通花青、马牙花青、油底花青等。

其底色为深绿色、浅绿色、浅白色或其他颜色，绿色呈丝、脉、团块或不规则状。该品种的特点是绿色不均，颜色深浅不一，敲击翠体时声音沉闷。花青种翡翠分布广泛，多属中低档品种。

花青种多被加工成佩饰、坠饰和雕件。因其质地不够细腻，透明度很低，所以过去很少用来做手镯。

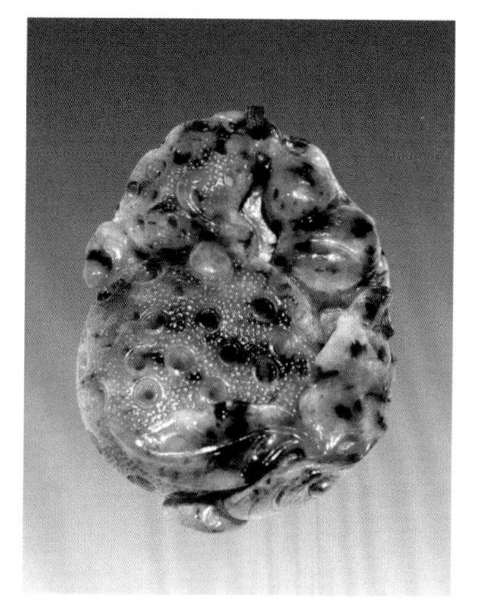

【跳青翡翠】

其特点是在浅灰色、浅白色或灰绿色的底子上，分布着团块状、点状的绿色或墨绿色。其与花青翡翠的区别是：跳青的色块分布稀疏，且颜色较重，与底子反差大，突出醒目，具有跳动感和突兀感；花青的脉状分布绿色与底子相配，显得比较自然协调。

跳青饰件

糯化底红翡英雄玩件
非常难得。

淡黄翡玉挂件

【红翡和黄翡】

黄色和红色翡翠在行内称“翡”，翡色主要分布在翡翠毛料的皮壳之下和裂隙附近。如果晶体间充填了赤铁矿，则呈现红色；如果充填了褐铁矿，则呈现黄色。

红翡指颜色鲜红或橙红的翡翠，有糖红色、棕红色、褐红色、橙红色等颜色品种，透明度和质地的变化较大。其中，档次较低的是豆底褐红色，档次高的是冰种橙红色或冰种糖红色。红翡大多属于中档或中低档，而满色、鲜艳、透明度好、质地细腻、颜色均匀的高档红翡则十分珍稀，价值非常高。笔者2010年冬在全国珠宝展上，见到云南某公司的一只红翡手镯，标价达数百万元。

黄翡是颜色从黄到棕黄或褐黄的翡翠，在市场上也极常见，主要颜色品种有纯黄色、鸡油黄色、橙黄色、蜜黄色、棕黄色等，其透明度较低，透明度和质地的变化也较大。其中，档次较低的为豆底黄色，档次最高的是冰种橙黄色或冰种纯黄色。如果黄翡的鲜艳均匀、质地细腻、透明度好、纯净、满色，同样是稀世之宝，价值很高。

一般来说，红翡的价值高于黄翡，黄翡价值高于棕黄翡，褐黄翡的价值最次。

【豆种翡翠】

豆种的名称十分形象：其大多呈短柱状，恰似一粒粒的豆子排列在翡翠内部。豆种是极常见的翡翠品种，且变化大、类别多，市场上90%以上的翡翠都属豆种，所谓“十翠九豆”。

豆种的特征一目了然；多呈绿色或青色，颜色清淡，绿者为豆绿，青者为豆青，质地粗疏，透明度不好，如雾里看花。依质地的粗细和颜色的不同，豆种可细分为以下几种。

(1)猫豆种：质地粗，有绿色，有像污渍一样分布的灰黑色、褐色等不雅颜色，底色偏，色杂，属较低档品种。

(2)油豆种：颜色呈油青色，质地较粗，属档次较低的品种。

(3)细豆种：颗粒较细（小于3毫米），质地中等，微透明，光

豆青带翡海马手玩件

粗豆红翡玉如意玉牌

泽较好，结构相对致密均匀。其价值因颜色不同千差万别，低者数百元一件，高者上百万元至几百万元一件。

(4)豆青种：豆绿颜色，不均匀，质地粗或较粗，基本不透明。色绿的地方透明度也较好（俗称“龙到处有水”），有时有铁锈般颜色的斑块或斑点。价值依颜色而定，越绿价值越高。

(5)冰豆种：质地中等，结构较细，微透明，颜色一般为淡绿色，属中低档翡翠。

(6)糖豆种（甜豆种）：结构较其他豆种更细腻，质地中等，颜色淡绿均匀（行内称此为“颜色较甜”，故称其“甜豆”），属豆种里档次较高的品种。由于外观色泽漂亮且价格适中而受人喜爱。

此外，还有田豆种、彩豆种等。

豆种翡翠有很好的人缘，一方面因其价格适中，另一方面则是因为它有着人们青睐的绿色，虽不是碧翠欲滴，却也明快亮丽，虽未达到均匀满布，也算星罗棋布，符合国人的审美情趣。因此，豆种翡翠自然而然地占据了市场中高档商业级翡翠中的很大份额。

花青芙蓉种糯化底椿带彩玉尊

【芙蓉种翡翠】

芙蓉种是颜色中绿到浅绿色、半透明至亚半透明、质地较为细腻、难见颗粒界线的翡翠。其颜色多不含黄色调，绿得清澈、纯正、柔和，有时其底子也稍微带些粉红色。芙蓉种质地较豆种更细，结构虽有颗粒感，但在10倍放大镜下才能明显观察到粒状结构；其表面具有玻璃光泽，透明度介于老坑种与细豆种之间。其色稍淡，但显清雅，虽然不够透，但是也不干，很耐看，就像芙蓉花香味清淡一样。芙蓉种属中档或偏上档的翡翠，价格适中，可谓物美价廉。

芙蓉种上如果布有不规则的较深绿色，称为“花青芙蓉种”；如出现深绿色的脉，称作“芙蓉起青根”，价值很高。20世纪80年代，香港苏富比拍卖会上曾有一只芙蓉种翡翠手镯，因其具有鲜绿色的脉，竟然卖到200万港币。

芙蓉种糯汤底飘蓝花手镯

由于芙蓉种翡翠颜色较淡，特别适合制作手镯。这种手镯颜色清爽，质地较细，透明度较高，很少有绺裂与杂质。虽然其各项指标都不是顶级，但组合在一起效果好，价格中等偏上，特别适合中青年女士佩戴。用芙蓉种雕琢佩饰、坠饰，应少作雕工，多保留光面，充分体现其种、水、色的美丽。

【藕粉种翡翠】

该品种质地如调熟的藕粉，色呈浅粉紫红色（浅椿色），呈微透明状，质地细腻，色泽温润。其结构与芙蓉种类似，10倍放大镜下观察，可见硬玉晶粒，但较芙蓉种更细。现在市场上很多翡翠挂件是用藕粉种翡翠雕成的。

藕粉种糯化底山子摆件

藕粉种翡翠以茄紫色、紫罗兰色、蓝花色以及紫色伴随蓝花色的较常见。

【马牙种翡翠】

马牙指新生儿上颚和牙龈部黄色、米粒样的小点。马牙种是一种质地较粗、晶体颗粒呈罕见白色粒状、透明度差的翡翠品种。马牙种翡翠不透明，像瓷器一样，业内称水分不够或水头短。其结晶颗粒较粗，肉眼可辨，敲击原料的声音呈石音。马牙种翡翠以白色至灰白色为底，大部分绿色色调简单。有的马牙种混有浅绿、褐等颜色，粗看不错，但有色无种，分布不均，仔细观察，能看到绿色中有丝丝白条或者团块状白棉。

马牙种价值不高，往往做成小型摆件或把玩件，利用绿色俏雕；有时也用于制作挂牌或指环等，属于中档或中低档货。

马牙种润瓷底活力摆件
翠性明显。

【广片】

广片的显著特点是在自然光下绿得发暗或发黑，质地较粗，水头较干。广片在透射光下表现为高绿，在反射光下表现为墨绿，切成薄片后，就绿得艳丽动人。这个品种曾经在我国广东一带盛行，因而得名“广片”。

确切地讲，“广片”其实是一种翡翠薄片加工的方法，巧借了厚薄与颜色、透明度的关系。当玉料切磨成1毫米左右的薄片时，暗色明显减弱甚至消失，而绿色则变得更为浓艳了，透明度也会得到改善。好的广片用铂金、白色K金等贵金属包边后，显得高贵不俗，在市场上价格也较高。目前，广片一般用来制作吊牌、胸坠等饰品，显得很有品位。

广片耳饰

透射光下，十分艳绿。

【翠丝种翡翠】

翠丝种是一种质地、颜色均佳的翡翠，在市场上属中高档。其特点是韧性很好，绿色呈现丝状、筋条状甚至条带状平行排列。要注意的是，有丝状绿色的并非一定是翠丝种翡翠。翠丝种应同时具备两个特点：一、绿色鲜艳，色形呈条状、丝状排列于浅底之中；二、定向结构非常明显，即丝条状的绿色清晰地朝着某个方向分布。翠丝种翡翠以透明度佳、绿色鲜艳、条带粗、条带面积比例大为佳。

翠丝种翡翠

【金丝种翡翠】

金丝种曾饱受争议，但其大多数属种质幼细、水头足、色泽佳的高档品种。行家对“金丝”其名有两种理解：其一，指翠色呈断断续续平行排列；其二，指翠色鲜阳微带白绿，种优水足。

金丝种的绿并非一大块，而是由很多游丝柳絮平行组成，在较强的光线下金光闪闪，而其本身并非金色。

▌金丝种翡翠

有人把它叫作“丝丝绿”，指其绵绵延延的丝状绿色，实实在在，像有脉络可寻；但也不排除有些玉块可能出现少许“色花”。金丝种的翠青游丝有多种表现特征：丝路顺直的，叫作“顺丝翠”；丝纹杂乱如麻或像网状瓜络的，叫作“乱丝翠”；杂有黑色丝纹的，叫作“黑丝翠”。其中，以“顺丝翠”最美和价值较高，“黑丝翠”则没有收藏价值。

有些金丝种的游丝排列非常细密，并排而连接成小翠片，一眼看上去不像丝状，却像片状，因此也有人把它称作“丝片翠”。还有一种称为“金线吊葫芦”的翡翠，也属于金丝种，其特点是在丝丝翠色下有大片翠青，二者绵延相连，就像瓜藤互系。

金丝种翡翠的质量与价值要看绿色色丝的细密程度、面积比例和鲜艳程度。金丝种多加工成手镯、佩饰、坠饰等，如果要在其上做纹饰或图案，应尽量配合绿丝的走势，以求达到最佳的视觉效果。

【油青翡翠】

油青翡翠非常常见，总体上是指具有油感、颜色表现为灰绿或暗绿的翡翠。“油”指其比一般翡翠更润泽透明一些；“青”在云南指深绿色、暗绿色。“油青”在云南话中和“油浸”发音相似，言翡翠犹如被油浸泡过一样，细腻圆润但颜色偏闷。

分析翡翠的颜色、质地和种时，都会谈到“油青”，但三个“油青”概念的侧重点却不同。

（1）“油青色”：指色调偏灰或偏暗的绿色，分为原生油青色和次生油青色。

原生油青色是翡翠自身绿辉石矿物的颜色，往往有整体感，在透射光照射下色根明显，不会变化。次生油青色是指在黑乌砂等毛料的表皮附近、裂隙周边出现的灰绿色、暗绿色和蓝绿色，称为绿雾。次生油青色不是翡翠主体的颜色，而是外来物质浸染形成的。原生油青种的价值高于次生油青种。

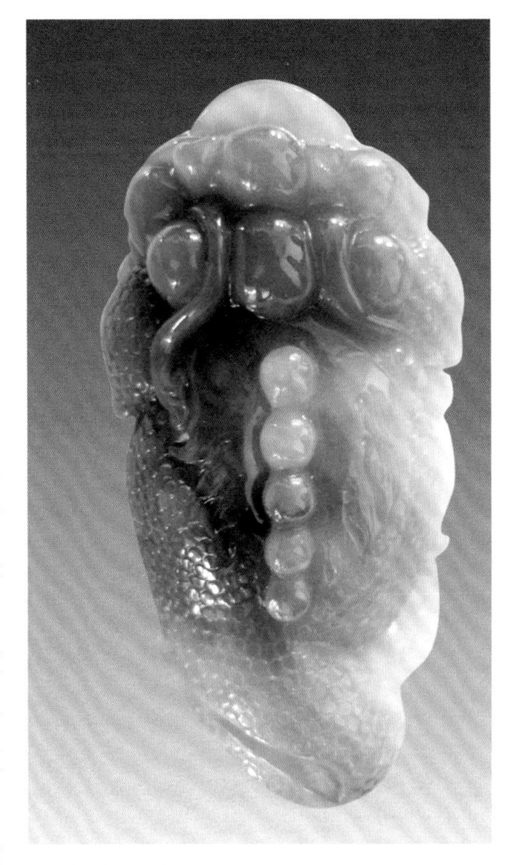

油青玉蟾挂饰

（2）“油底”：强调的是翡翠背景色调以及颗粒的细腻圆润。被称为“油底”的，主要是因其油性足、质地细腻，而背景为暗绿、偏灰。

（3）“油青种”：就颜色、质地和透明度综合而言。油青种颜色为灰绿、蓝绿，色调如未精炼的菜籽油，呈半透明状，结构较细。同为油青种翡翠，其质地也会有所不同：最好的油青种是“冰油”，即冰底、油青色的翡翠，透明光亮；糯化底油青种翡翠属中档，油性足，光滑圆润，适合做手玩件；芋头底、豆底的油青种比较常见，属中低档产品，一般用来制作挂件、手镯，也有做戒面的。油青种翡翠按色调可分为“见绿油青”、“瓜皮油青”和“鲜油青”等。

行内称油青种为“吃亏的品种”，意指其种分、透明度、颗粒细腻都不错，但因绿色偏灰泛蓝，给人以阴冷的感觉，所以价格始终屈居中档不能走高。但有趣的是，上好的油青种翡翠有时也会被人当作冰种来欣赏收藏。

八三玉原石

【八三玉】

八三玉（爬山玉）是一种灰白色、质地粗松、不透明、含角闪石的翡翠山料，因产自缅甸北部八三而得名（另说其为八三年开始出产的玉）。八三玉原石透明度差，而颜色丰富，有淡紫、浅绿、绿或蓝灰等色，是一种品级较低的特殊翡翠。因其杂质多、结构粗、水头差，要做成装饰品，须经人工处理。市场上的“八三玉”实际上是经酸洗注胶后的翡翠B货，色彩鲜艳，透明度好，又被叫作“新玉”，曾经是最为流行的B货。

【干白种翡翠】

干白种是一种质地粗、透明度差的白色或浅灰白色翡翠。行家对它的评价是：种粗、水干、不润。这种品种通常无色或色浅，因为结构粗糙，其使用、观赏价值都较低，属于低档次的品种。但是如果做成好的雕件，则可提升其价值。

干白种瓷底泛舟图山子

因为做成好的雕件，价值明显提高。

【墨翠】

黑色翡翠在行内称“墨翠”，是近几年来市场上争相追捧的热门品种之一。墨翠常见，但易被人误认为是软玉中的“墨玉”。它的

墨翠饰品一对

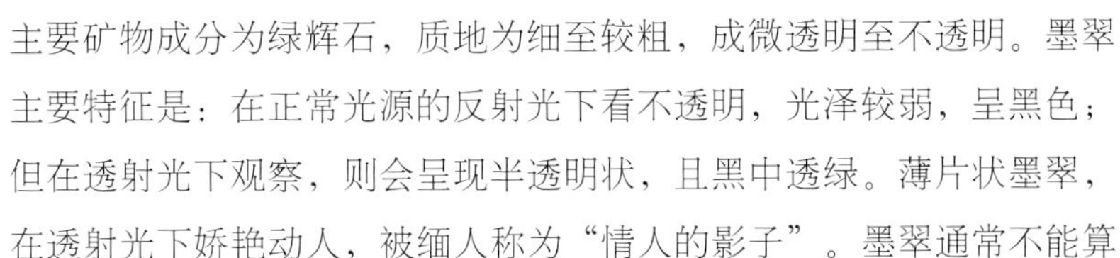

主要矿物成分为绿辉石，质地为细至较粗，成微透明至不透明。墨翠主要特征是：在正常光源的反射光下看不透明，光泽较弱，呈黑色；但在透射光下观察，则会呈现半透明状，且黑中透绿。薄片状墨翠，在透射光下娇艳动人，被缅人称为“情人的影子”。墨翠通常不能算作高档翡翠，但好的墨翠质地细腻，颜色均匀，也可以用来雕刻人物或动物形象挂件。近几年业界也将墨翠磨成各种戒面来做镶嵌饰品，拓宽了墨翠的利用范围。

好的墨翠饰品细腻致密，微透明，很少有棉，透射光下较薄部分呈黑绿色，表面呈现出玻璃光泽，成交价格不菲。而差的墨翠饰品则质地粗，不透明，棉多，透射光下其较薄部位仍呈黑色不透明状，表面光泽暗淡，不值得收藏。

强光下的墨翠

【铁龙生】

“铁龙生”为缅语，意为“满绿”，是比较新的一个翡翠品种。铁龙生翡翠呈翠绿色，水头差，微透明至不透明，常常为满绿。它的色调深浅不一，结构疏松，市场上随处常见。

“铁龙生”用贵金属镶嵌后可做成薄叶片、薄蝴蝶等挂件，也可用来做雕花珠子、雕花手镯等饰品。因绿得浓郁，其薄片做成的装饰品，观赏和使用价值较高，如用铂金镶嵌的薄形胸花或吊坠，金玉相衬，富丽大方，招人喜爱。

铁龙生子孙万代随形坠

【干青种翡翠】

干青种翡翠绿色浓且纯正不邪，透明度较差，底干，玉质较粗，比重较其他翡翠略大。其粒度往往较大，肉眼能辨出晶体颗粒。其特征是：颜色黄绿、深绿至墨绿，有时偏暗发黑，常有裂纹，不透明，光泽弱，敲击原石的声音干涩粗糙，因此被称作“干青”。

干青种翡翠绿孔雀摆件

干青种由于颜色浓重，透明度低，所以常被做成薄的戒面或玉片，以显通透。但大幅度降低厚度，有可能使其因太薄而断裂破碎。所以，干青种翡翠常用18K金衬底的工艺，以保持其不断裂。干青种也可做成摆件、手镯或挂件，有一定的欣赏价值。总体上干青种翡翠属于中低档翡翠。

【瓷底翡翠】

该品种结构较致密，但透明度低，在自然光照射下光泽如瓷器，因而得名。瓷底翡翠有浅灰、浅白、浅蓝、浅紫等颜色类别，属低档翡翠，但若做成雕件、器皿，效果也不错。缅甸当地戏称其为“砖头料”，指过去农人用其作砌墙石。

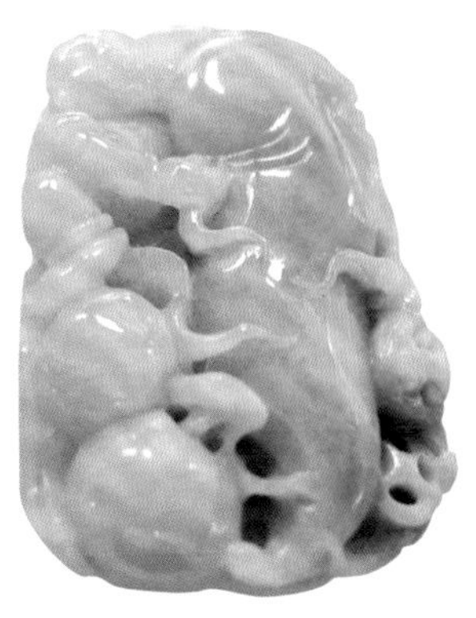

浅白蓝色瓷底翡翠挂饰

【蓝花翡翠】

蓝花翡翠是市场上比较常见、在南方较受欢迎的品种之一。其主要特征是：蓝绿色呈丝状、团块状、草丛状分布。

蓝花翡翠市场价值主要取决于翡翠的种：种好的翡翠，透明度高，蓝花在里面犹如水中的小草，晶莹灵动。所以，玻璃种飘蓝花翡翠最好，冰种飘蓝花翡翠次之，这两个品种近几年来价值涨幅也最大。中低档次的蓝花翡翠依次为玛瑙种飘蓝花、藕粉种飘蓝花和豆种飘蓝花。

影响蓝花翡翠观感与价值的因素还有蓝花的颜色。其中，蓝绿色的最好看，偏黑色的稍差些。同时，蓝花分布

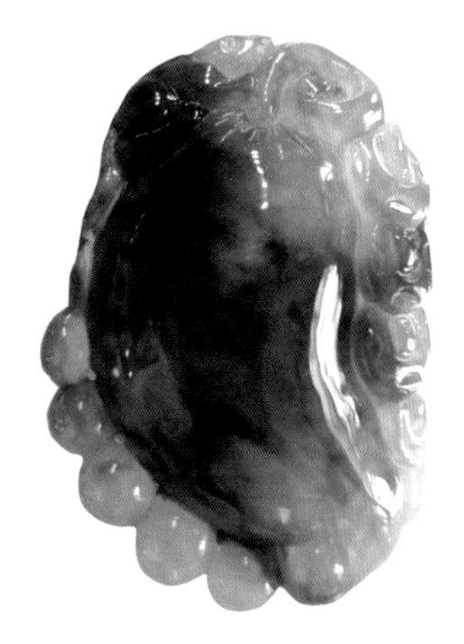

冰种蓝花福寿如意坠

得越多，杂质和绺裂越少，翡翠价值越高，反之则越低。

福禄寿翡翠手镯

【福禄寿翡翠】

同时具有三种颜色（最好是绿、红、紫或绿、黄、紫）的翡翠称“福禄寿”。其中，紫色称为“福”，绿色称为“禄”，红（黄）色称为“寿”。“福禄寿”翡翠稀少，色彩独特，寓意极好，被看作是吉祥的象征，一直深受喜爱，价值不菲。由于“福禄寿”翡翠色彩丰富，玉雕艺人可以创作出各具特色的挂件、手玩件、摆件等，具有较高的收藏价值。

福禄寿三色摆件

【雷劈种翡翠】

“雷劈”是一种比喻，指翡翠的裂纹很多，像雷劈过一样。雷劈种翡翠的原石生于地表，因长期受风吹、日晒、雨淋等自然作用而产生许多裂纹。这样的翡翠虽颜色和光泽较好，但很难做成首饰，故价值较低。

【乌鸡种翡翠】

该品种的特点是：色调为蓝绿色、灰绿色至黑灰色，颜色不均，深浅不一，质地较细，肉眼可见翠性。因颜色深浅不同，其透明度由不透明、微透明到半透明，光泽从油脂光泽、亚玻璃光泽至玻璃光泽均有。用该品种制作的首饰，别具一格。用光泽度不高的乌鸡种做饰品，则更有一种古朴神秘的风格。其属于中低档翡翠。

【水浸翡翠】

水浸翡翠也被称作“皮色水”、“卯水”、“干心”翡翠。其外部组织通常呈现蓝灰至绿灰色，内部呈白色或灰白色。该品种裂隙多，特点是外面一层组织“水头”较好，颜色较深，但内部却较干，颜色较浅或根本无色。水浸翡翠成品很容易辨别，但如果是原石，就应该防止由于表里不一而产生误判，特别是在赌石时，可能会因此造成不必要的损失。

乌鸡种翡翠

绿色偏蓝，有大量黑色斑块，种嫩，水中等，为摆件和手镯用料。

翡翠外观的辨伪

真假翡翠的外观鉴别应从外壳和颜色两个方面入手，下面分别介绍外壳和颜色的作假手法及其辨别方法。

【翡翠外壳的作假】

一些不法商人常常在玉质不好的翡翠上做漂亮的假外壳出售，不明就里的人很容易上当。传统的翡翠外壳作假主要有八种手法。

(1)做山石假壳 做此种假壳的翡翠大致有三种：一是不好的块体，如裂纹大、底好而无绿色的；二是敲开或切割后又重新黏合的块体；三是无皮的变种石。作假者用原玉种沙壳捣碎成细粒，再用胶水敷贴上去，只留出原石上有色或有水的小擦口或小切口，然后在新敷的沙壳表面刷上颜色，以此充作著名场口的优良品种。有的还做上铁锈色或假蜡壳，有的则置于土壤中，任由酸碱浸蚀一两年，使其更加逼真。

真黑乌沙皮与仿造的假黑乌沙皮

鉴别方法是：细看表层沙粒，假壳上的沙粒不是自然而有规划的排列，它没有场口特征、没有层次，同时散发胶味。如果洒水，水会停留在表层，擦拭则沙粒易掉，并有微量胶质出现。仔细观察，做壳山石给人以呆滞不自然的感觉。

人工粘皮

(2)做水石假壳 做此类皮壳的多以无皮新种石为主，有的是敲碎黏合或是切割后无用者。作假者在原石上敷上一层半透明、拌有颜色的胶合物，一般不留擦口或切口，充作著名场口的蒙头赌石。

其鉴别方法比假壳山石容易：它的胶合表层松软，刻划即起条痕，光泽没有真水石含硅的油感。由于其原石都是凸凹不平的，没有水石经运动作用而产生的平滑感觉，所以作假要先磨掉原石上的不平部分。因此，透过较薄的部位细看石底，几乎无一块不经过打磨，打磨痕迹显而易见。

(3)镶口石 这是作假的精工手艺，是在山石或水石的切面上，用另一块近似同种底的有色薄片镶进去充作擦口或切口。其所镶边缘极细微，并进行抛光，然后再磨粗磨毛做遮盖。

这种作假欺骗性极大，无论打灯、打光、用滤色镜看，都无破绽。但是，它敲打不传声。识别镶口的关键在于接缝，用10倍放大镜才能看出。镶口石都没有盖子，因为造假者目前还无法做出另一半同模同样的镶口。

(4)贴口石 贴口石是用一块涂着浓绿翠色的硬玉薄片粘贴在山石的切口上，用沙粒遮盖缝隙，再做上颜色。

鉴别方法是：细心查看粘口的沙粒与其他部分是否相同，轻轻敲打有无空声。因两块粘片之间必有间隙，所以敲打时易发出空哐声。

(5)掏心石 这是指用一块底好而没有绿色的翡翠块体，在底水最好的部位掏出洞穴，注入含胶的绿色液体，或置入绿色物体（如牙刷柄或绿色玻璃等），然后封

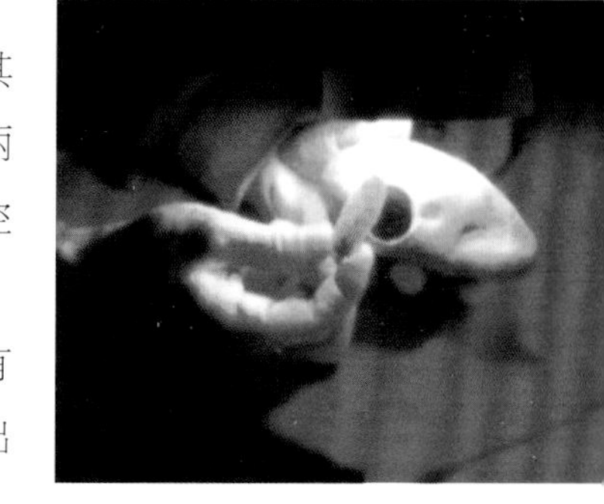

掏心作假

用牙刷把填充高绿，瞒天过海。

松花

皮上的绿瘢即松花。

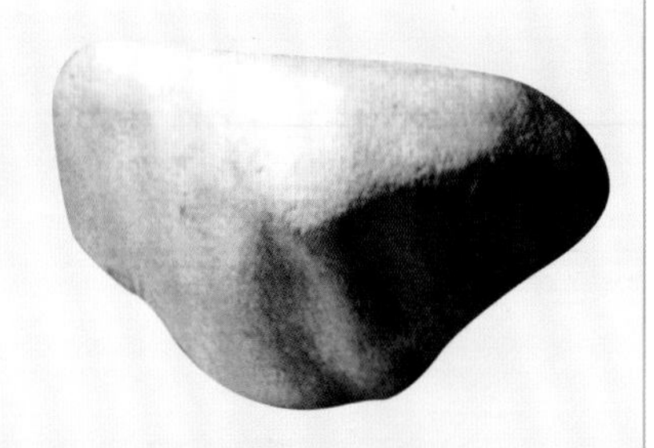

松花作假

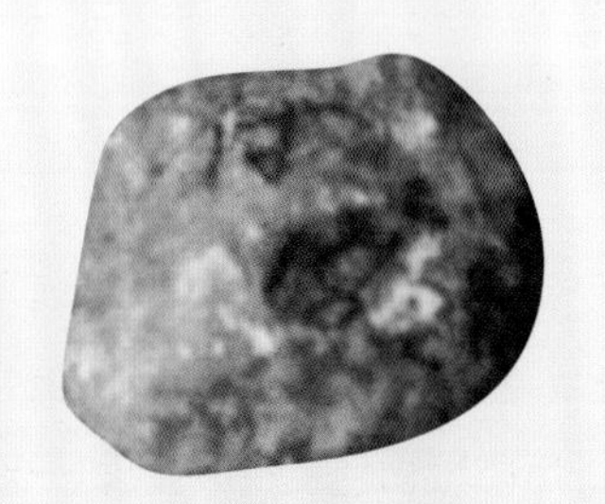

松花作假

口遮盖。这样打光照看，翠绿迷人，欺骗性极大。它是利用了翡翠透光性强的特征，进行掏心作假的。

(6)錾口石 翡翠块体被切割后，如果切面不理想，作假者重新黏合又怕遮盖种底，可能就会用錾子在切面上錾出细碎毛点，遮盖原石的毛病，然后放入泥土中任由酸碱浸蚀，形成自然形状后，再扒出唬人。

(7)作假松花 松花是翡翠皮壳上的一种表现，显示其内部可能有色。作假者把细碎小粒翡翠撒在假壳上模仿松花，然后埋在沙粒中。

这种假松花用胶和沙粒粘牢，只在表层，不能入里。所以假壳的表面不突凸，不透光，极易被识破，用小刀即可划破或撬起。

(8)作假癞带 癞是翡翠皮上的一种内在表现，也暗示着有颜色。作假者会在真沙壳上用细沙条轻磨出一块一条的纹路，伪装是色癞。

真癞有自然烫压出来而无任何痕迹的特征，没有摩擦的现象；假颟边缘有磨过的痕迹，中心较深，一看便知是人为的擦口。

无论山石或水石，一经切割后都分成两半，通常大的部分称为身子，小的称为盖子，做镶口、贴口、錾口的都不可能有盖子，因盖子上作假不对称，很难同身子相吻合。这条经验可供入门者借鉴。

人为颟带

【翡翠颜色的作假】

自然的翡翠颜色有深有浅，色纹和色块协调，多见一种或多种复色，整个色调悦目柔和，有自然的韵味。而假色多见色泽单一乏味，没有自然形成的层次变化，更没有天然的覆色作用。因为绿色在翡翠中举足轻重，作假者首先从绿色开始，其手法多种多样。

(1)刷色

刷色在多年前能经常看到，近年来已少被利用。其方法是选用制作完整的器物（以种底纯净的为首选），将其洗净、烘干后涂上绿色，先淡抹再逐渐加厚，待绿色干燥后，用胶性白色指甲油涂刷一至两次。稍干后，其绿色鲜艳，光泽明亮；但数天后，胶性指甲油便跳壳脱落，原形毕露。

其识别方法非常简单，只需用小刀轻轻一刮，指甲油会成片屑脱落，假货便露出了马脚。

(2)染色

染色即香港人所说的“提红染绿法”。方法是，选择质劣色差或质地较好但无绿色的块体或饰物，将其洗净，放入硫酸铜或碘化钾溶液中浸泡，时间越长颜色越厚。染成之后将其捞出，加温上蜡，使玉件色泽艳丽，翡玉更红，翠玉更绿。

紫色染色翡翠放大镜下观察特征

绿色染色翡翠显微镜下可见染色剂存在

染色翠玉的绿，多均匀分布在斑晶周围的细小颗粒间，呈线状，不见天然翠色的矿物斑点或矿物纤维，在查尔斯滤色镜下观察呈粉红色而不是绿色。广东市场上还有一种经处理的淡紫色翠玉，色泽浓集于裂隙中。人工染色的假色翡翠寿命不长，强光下短时间内极易褪去；即使在自然光下，时间稍长，也会褪去所染之色，原形毕露。

(3)炝色

炝色是将氧化铬（或是硫酸镍）和无色翡翠同置于水中，通过电极在玉表炝入绿色。炝色会停留在表层，但比刷色厚实稳定，能经受短时间磨损。不过其颜色太黄或太蓝，十分恶眼。染色是使所染物件附上了一层浸染质，所以在高倍放大镜下细看会有染料沉积物；炝色则是利用高温高压硬性镀上一层浸染质，在高倍放大镜下看上去厚薄不均匀，同样具有沉淀的堆积物。炝色所上的假色，同样经不住光照和热烘；而在常温下不超过十个月也会自动淡化或消失，如与强酸强碱相遇，则会立刻被腐蚀殆尽。

染色翡翠镜下观察

绿色不自然。

(4)烤色（烤红）

翡翠致色元素的性质使得其自然红色都不够理想，与翠绿不相配，因而有了强化红色的烤红改色法。烤红是在带有红色的块体上进行过酸处理，然后加温烧烤使其氧化直至出现满意的红色为止。有的烤红是在成品上进行，完成烤红后再度抛光打蜡，使其鲜艳光亮。

天然翡玉的棕红色厚实而不通透，氧化铁渗透在矿物中间，过渡色自然。而烤红的部分则显得水短而不足，经受不住时间的考验。因人为加速了铁的氧化，在半年以上烤红的颜色就会变淡或退化，远不如原有的红色真实耐看。

翡翠自然颜色的真实质感，是任何人为的颜色都难以替代的。无论刷色、染色、炝色还是烤红，都显得呆滞，且色性总是偏蓝偏黄，无根无底，若与真色相比便显得死而不活，没有翠性。

翡翠货类的鉴定

翡翠的成品五花八门，令人眼花缭乱。但分类归纳，除正宗A货外，假成品不外乎B货、C货、D货及假冒品几大类。正确判断翡翠成品的货类需要掌握科学的方法。

【翡翠A货及其鉴定】

A类货拥有天然的质地与色泽，很难得，因而在选购与鉴别时有几个首要注意事项。

(1)要谨慎判断，斟酌行事。因矿藏和开采量有限而需求量大，目前市场上很好的翡翠较少。特别是颜色翠绿，底张清澈的品种更是少之又少。

(2)要仔细观察，把握特点。翡翠中秧苗绿、菠菜绿、翡色或紫罗兰飘花的品种最为常见，这是市场上中高档商品的当家品种。

(3)“看、听、掂”综合判断。A类货在灯光下观察，质地细腻、颜色柔和、石纹明显；轻微撞击，声音清脆悦耳有金属音；用手掂量，有沉重感，明显区别于其他石质。

由于颜色是翡翠最直观的特征，辨别翡翠A货时，应尤其注意颜色在不同光源下的变化。

翡翠颜色在黄色调的柔和灯光下，会显得鲜艳；在较强的光源（如太阳光和自然光）下，则玉石内部的瑕疵会明显暴露，颜色变淡。

所以观察鉴别翡翠时须用自然光观察。同时，不同位置、天气和时间段的光源照度也不一样。鉴别翡翠最好在晴天的早上10时左右或下午4时左右的时间段内。如果在农村茅屋里看玉，或在批发零售市场的货篷下看玉，或借洞孔缝隙射入的自然光柱看玉，都会让人看走眼，要特别注意。许多人造光（蜡烛光、水银灯光、日光灯光、电灯光等）的色温强弱差距很大，虽然也可以用于观察玉石，但用来评判辨别翡翠的质量高低则不适合。

在以下几种翡翠中，变色效应表现得比较突出，一定要特别注意。

（1）紫罗兰翡翠。紫罗兰翡翠对光线特别敏感：黄光下是粉紫色，白光下则出现蓝紫色，颜色会偏蓝、偏灰。因此，销售紫罗兰翡翠的柜台一般都用带暖色调的黄色光源，使其格外艳丽。紫罗兰翡翠在不同的地域表现也会不同：如在云南高原地带，因紫外线强，颜色显得比较鲜艳；但拿到内地后，紫外线比较弱，感觉紫色变淡了，在鉴别时需要特别注意。

（2）晴水绿翡翠。“晴水绿”是指在整个翡翠制品中出现的清淡而均匀的绿色，该绿色在灯光下比较明显，均匀清淡，十分诱人，但在强光或自然光下就会变淡很多或几乎变为无色。判断鉴别晴水绿手镯时，其在柜台的灯光下颜色会显得浓一些，在自然光下则会淡一些，要注意在两种光线下进行表现效果比较。

（3）豆种豆色翡翠。豆种翡翠由于结晶颗粒较粗，自然光下观察，绿色分布往往不均匀，多呈点状或团块状，白色棉絮也比较突出，颗粒感比

紫罗兰鸡心佩

晴水绿胸坠

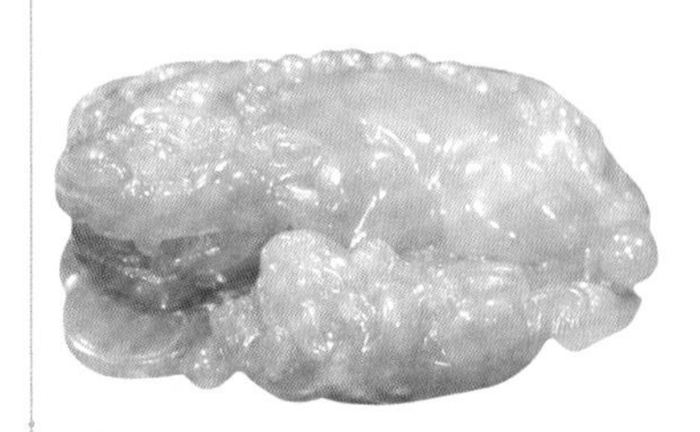

豆青种辟邪把玩件

较明显；但在柔和的灯光照射下，绿色会显得比较鲜艳均匀，棉絮也不突出，颗粒感也不明显，卖相十分好看。

俗话说“月下美人灯下玉”。翡翠玉石最佳的欣赏光源是在柔和灯光下，因此，适合佩戴翡翠参加会议、舞会等室内社交活动。但对于评判鉴别翡翠而言，则最好能在自然光线下观察，这样会更为真实些。

【翡翠B货及其鉴定】

翡翠B货在市场上最常见，在某些旅游区看到的则差不多都是B货。新的“国标”(GB/T16552—2003) 规定，只要是漂白酸洗过的翡翠都可定义为翡翠B货。翡翠B货的确是翡翠，有着与A货相同或相近的折射率、比重和硬度，不过是用质地较差档次较低的翡翠漂白酸洗再充胶而成。很多商家用B货划伤硬度只有5的玻璃，向顾客表明其是“真货”。而实际上，A货、B货都能轻易划伤玻璃，且硬度测试为有损鉴定，在成品珠宝的鉴定中不宜采用。

尽管B货制作的水准日益求精，行家亦常常为之头痛，但只要我们

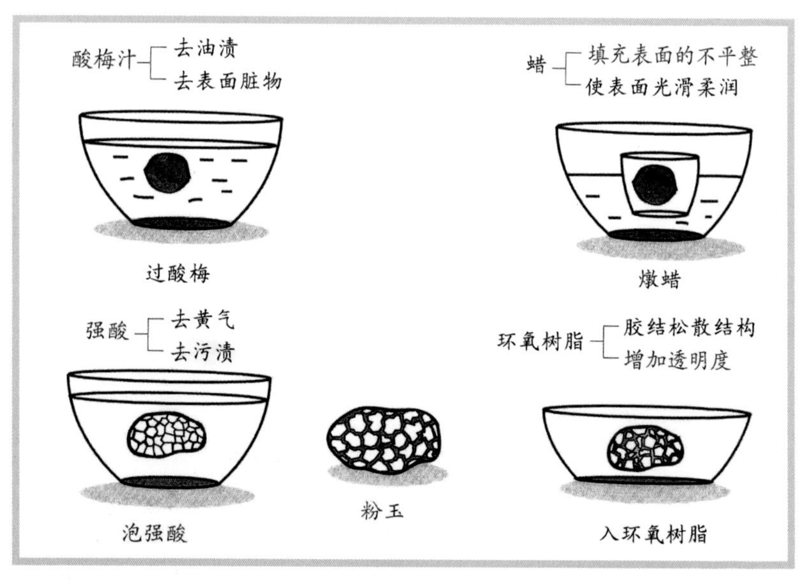

翡翠B货制作流程图

全面掌握翡翠的各种特征，结合B处理过程中对翡翠结构破坏所留下的痕迹，总有办法将它识破。

结合多名专家、业者的经历体会，识别B货的方法可归纳为以下十二个方面：

(1)观察颜色 A货翡翠的颜色像从某一特定部位（称为色根）向外扩散；漂色过的B货翡翠则色根不明显，鲜艳却不自然，有“漂”的感觉，有时使人感到带有黄气、邪气。

在B+C货翡翠处理的过程中，有时会在树脂胶中加入颜色并随充胶工序着色，所以使得整个翡翠底色变为淡绿色，翡翠原有的颜色也同时加深。这样处理的翡翠具有B货的鲜明特征，但染色痕迹不明显，在八三玉的B处理过程中，这种情况最常见。表面涂色制作的B+C翡翠虽具欺骗性，但肉眼容易识别：它没有色根，颜色形状也不是翡翠所特有的发散状。

(2)观察光泽 未经处理的天然翡翠，如果抛光精良，呈现的是玻璃光泽。翡翠B货由于加入了树脂胶，光泽显示为蜡状—

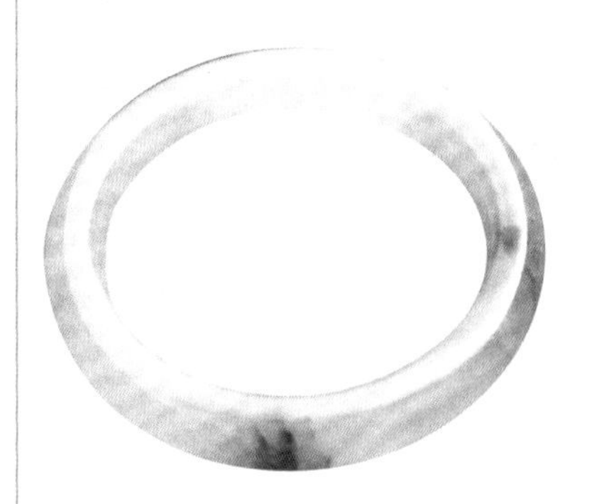

B货翡翠

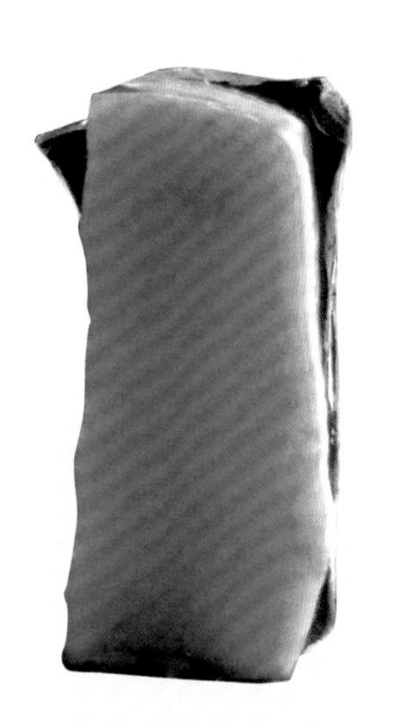

B货翡翠材料及填充的树脂

玻璃光泽，反光度强，而时间一长，则会因胶的老化而变得暗淡、整体干裂甚至断裂。但随着处理技术的不断改进和树脂质量的提高，光泽的强弱变化已不再是某些B货的鉴别特征。现在，很多B货存放三五年也不会变暗，而在佩戴初期因为人的皮肤摩擦、汗液浸润，看起来甚至还有光泽变好的假象。

许多B货虽在视觉上干净无瑕，但光泽暗淡，结构松散，无翠性。尤其是一些低档翡翠，由于加工工艺粗糙，容易从光泽的强弱上加以识别。

(3)观察结构 翠性是翡翠的一个重要特征。经过处理的翡翠B货结构被破坏，因而变得松散，粒状颗粒边界模糊、圆化，有晶体被错开、位移，失去了方向性，翠性因而变得不明显。

处理程度较重的翡翠，不仅难以看到矿物颗粒的边界，更看不到翠性；处理程度较轻的翡翠，即使可以看到翠性，也看不清矿物颗粒的边界。特别是豆种翡翠，在10倍放大镜下，能很清楚地看到B处理后结构的变化。

(4)测定比重 B货会比未经处理的同种翡翠手感稍轻，这是因为酸洗过程洗掉了部分杂质。但这并非绝对，因为翡翠比重有一个上下变动的范围，而每件翡翠的比重也有不同。因此测定比重仅能作为参考。

(5)观察在紫外灯光下的反应 一般来说，经过B处理的翡翠，内部注入树胶，从而都会具有粉蓝荧光性，这是一个参考指标。但是，影响荧光性表现的因素很多，如深绿色的B货翡翠就不具有荧光性，而B+C货的荧光则为粉绿色。因此，不能机械地用荧光灯观察翡翠的荧光性，要根据其原来的颜色作详细分析，方能得出较为正确的结论。

(6)观察杂质 A货翡翠多少含有杂质，如石花、黑色矿物包体、次生色等。经B处理后，翡翠的颜色变得纯净，次生色消失，底变得较好，而由于表面杂质在酸处理过程中被腐蚀，石花、黑色矿物包体反而可能出现在次表面。所以，B货翡翠的表面一般较干净，无次生杂色。

但有杂色的也不一定是A货。为掩人耳目，作假者可能会在充胶前向坯料中加入杂色或杂质，使其与A货相似，增加欺骗性。

(7)观察表面特征 观察表面特征是B货翡翠鉴别的重要方法。

翡翠是多晶质结合体，由于各种矿物硬度、排列方向的不一致，以及抛光过程中颗粒边缘磨蚀快慢的不同，A货翡翠成品表面会凹凸不平，即出现“橘皮效应”。翡翠矿物颗粒越粗，橘皮效应就越明显。

而翡翠B货表面是酸蚀网纹结构，也称龟裂纹。用10倍放大镜在反射光下观察，B货翡翠的酸蚀纹十分清晰，尤其是在有裂纹的B货翡翠中，裂纹处的酸蚀痕迹、树脂胶和龟裂纹都十分清楚。

(8)利用显微镜观察 这是最可靠的鉴定方法。在放大30～40倍的显微镜下，观察翡

B货的表面结构四十倍放大图

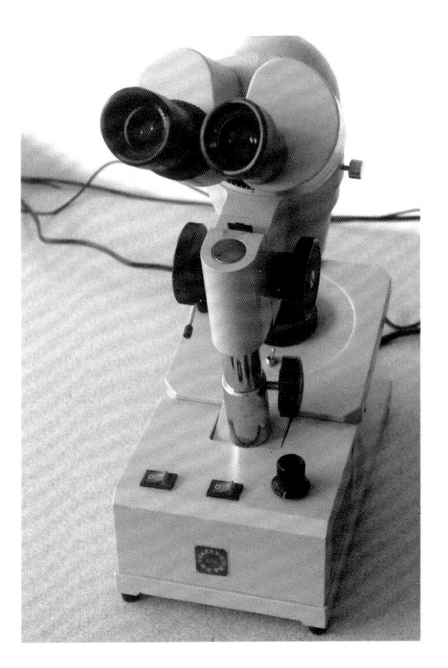

宝石显微镜

翠的晶体结构（即人们常说的“玉纹”）是否遭到破坏，若受到破坏，就可以断定经过了人工处理，有时还可以看到里面的树脂。当然，操作显微镜观察鉴定，要对翡翠的原生结构有完整的认识，否则难以作出正确结论。

(9)用红外光谱吸收仪观察 红外光谱吸收仪是一种特制仪器，在宝石学领域用途广泛，主要用来测定物质的化学组成。用这种仪器能够测出翡翠中是否含有环氧树脂，从而鉴定其是否为B货。B货翡翠与天然翡翠的红外线吸收光谱图像明显不同。那些做工极为逼真的B货，只能用红外光谱仪检查。

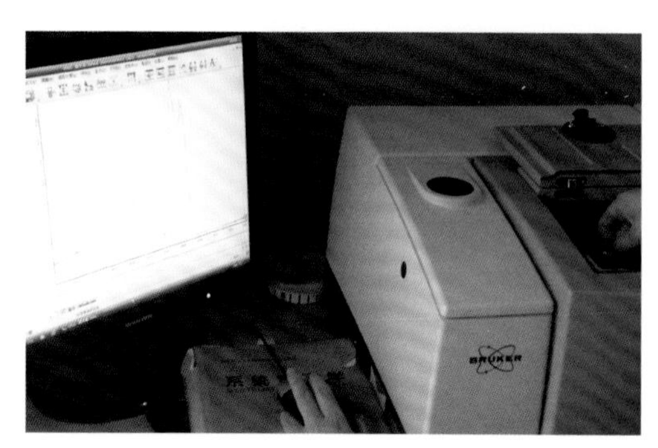

红外光谱仪

虽然该设备价格昂贵且操作不易，且通常只在研究机构或大型质检站才有，但因其对鉴定最具准确性，所以选购价格昂贵的高档翡翠时，最好采用红外光谱仪测试。

(10)通过声音鉴别 色、透、匀、形、敲、照——这是检测翡翠的六字明训，也是业内人士鉴定翡翠的座右铭。其中，“敲”在鉴别B货中用场更大。因充填胶的存在，用硬物轻轻敲击B货，常发出沉闷的声音；而敲击A货时，多会听到清脆的声音。

不过，这种鉴定方法也只是辅助性的手段之一。现已有用特别充填胶做的B货，敲击时同样声音清脆；而质地较差或有裂的翡翠A货，敲击时声音反而不清脆。此外，敲击玉件时还要讲究技巧，不能用手直接接触被敲击的物件，否则敲击声会变得沉闷，要用细线或细绳将其吊起，使其悬空来敲击。

(11)用盐酸试验鉴别 如果在未经处理的翡翠上滴一小滴纯盐酸，几分钟后，会有许多小圆水珠出现并围着小滴处。而以同样的方法测试漂白注胶B货翡翠时，则无此现象。用此法检测要避免在干热的地方或冷气房内进行，因为盐酸会在出现反应之前蒸发掉，需要不断地滴盐酸才可以看到测试结果。

(12)避免用烧头发的方法鉴定翡翠 民间有用头发绑在玉上烧来鉴定翡翠真假的方法，信者称其神妙，但这种做法既不科学也难操作。即使操作得好，也只能区别导热性明显不同的物品，如塑料和翡翠：绑在导热性差的塑料上的头发一烧就着，绑在导热性好的翡翠上的头发被烧时，热量会快速传到翡翠上而不被烧着。但如操作不当，绑在翡翠上的头发也容易被烧着。

而翡翠A货、B货的导热性相差无几。有时，若充填了导热性比翡翠还高的胶，B货的导热性理论上甚至还会提升。所以最好少用这种方法鉴定翡翠是否为B货，特别是高档饰品，以免误判上当。

在B货泛滥市场的现实情况下，购买翡翠的最可靠保障是卖方开具证书。所以，除了按照以上方法步骤直接鉴定翡翠，我们还要学会通过鉴定证书辨别B（B+C）货。而面对卖家出具证书时，要注意以下事项：

(1)对似是而非的讲法应当警惕

①不作正面回答型：“你自己看，看好了再买货。”这种不敢负责任的回答，多数有猫腻。②蒙哄顾客型：“几万元（几千元）的货，我们不会出证书。光证书也要几千元呢！”实际上一张证书仅需几十至几百元。③欺骗吓唬顾客型：“你自己去做鉴定，如果是A货，鉴定的费用多少你付；如果是B货，那由我们来付，还退回已付的货款。”此说法似有道理，但不知不觉中，货主该掏的钱变成了从顾客的腰包里出，而顾客也往往心痛再多掏钱而放弃鉴定。

（2）对混淆要领的说法应当警惕

有卖方为示守誉有据，会给买方出具“担保书”或“保证书”，但上面写的却是“优化处理的翡翠”。这是在钻定义的空子。

CMA 2012000918E
CNAS L3955
宝玉石鉴定证书
Certificate of Gem and Jade Identification
中钢集团天津地质研究院有限公司地质矿产测试中心

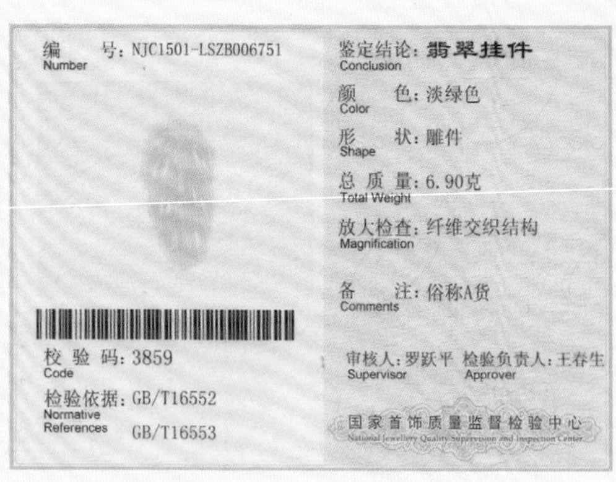
编　　号：NJC1501-LSZB006751
Number
校 验 码：3859
Code
检验依据：GB/T16552
Normative References　GB/T16553
鉴定结论：翡翠挂件
Conclusion
颜　　色：淡绿色
Color
形　　状：雕件
Shape
总 质 量：6.90克
Total Weight
放大检查：纤维交织结构
Magnification
备　　注：俗称A货
Comments
审核人：罗跃平　检验负责人：王春生
Supervisor　Approver
国家首饰质量监督检验中心
National Jewellery Quality Supervision and Inspection Center

天津地质研究院鉴定证书

国家首饰质量监督检验中心鉴定证书

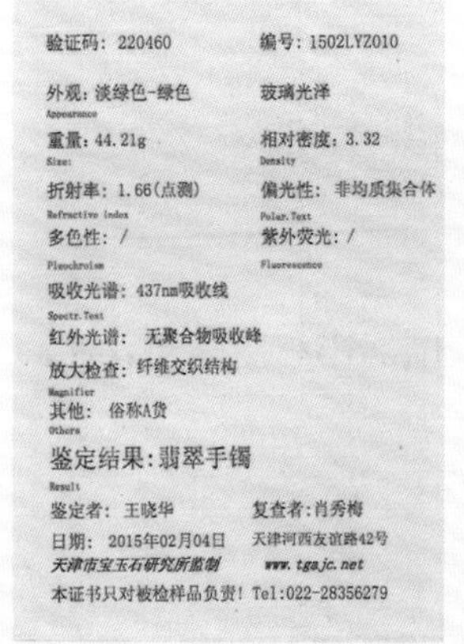
验证码：220460　编号：1502LYZ010
外观：淡绿色-绿色　玻璃光泽
Appearance
重量：44.21g　相对密度：3.32
Size　Density
折射率：1.66(点测)　偏光性：非均质集合体
Refractive Index　Polar.Test
多色性：/　紫外荧光：/
Pleochroism　Fluorescence
吸收光谱：437nm吸收线
Spectr.Test
红外光谱：无聚合物吸收峰
放大检查：纤维交织结构
Magnifier
其他：俗称A货
Others
鉴定结果：翡翠手镯
Result
鉴定者：王晓华　复查者：肖秀梅
日期：2015年02月04日　天津河西友谊路42号
天津市宝玉石研究所监制　www.tgajc.net
本证书只对被检样品负责！Tel:022-28356279

CMA 2013002474Z
ilac-MRA
CNAS L0702
鉴定证书
Certificate of Identification
国家首饰质量监督检验中心
NJQSIC National Jewellery Quality Supervision and Inspection Center
地址：北京市朝阳区大屯路甲2号　网址：www.njc.com.cn
电话：010-64849827　64872426　64872427　64873839

天津地质研究院鉴定证书

国家首饰质量监督检验中心鉴定证书

国际有色宝石协会（ICA）提出人工处理（优化处理）的玉石概念为两类：一类人工处理是无任何外来物质加入，对宝玉石本身没有破坏作用的优化处理，如单纯加热处理；另一类人工处理对翡翠的结构有所破坏，同时有胶等外来物质加入，如染色、浸酸、注胶。后一类处理完全不应归入“优化处理”的范围，而应叫“人工处理”。所以商家在“保证书”上写“优化处理翡翠”，以此称呼B货翡翠，是误导消费者。

（3）对滑头的写法应当警惕

有商家在证书上用“天然颜色翡翠”、“真色真玉”等描述B货，同样是误导消费者。这种写法A、B货不分，貌似公正，实则滑头。因为，一来B货翡翠颜色不是人工染上，当然是“天然颜色”或“真色”，二来B货的玉质仍属翡翠（硬玉），亦即“真玉”。所以上述写法偷换概念，其内涵只是保证不是C货，而不能保证是否为B货。

在市场上真假鉴定证书满天飞的今天，对证书的文字和证书本身的真伪，一定要警惕、慎重判断。

【翡翠C货及其鉴定】

若用器械鉴定，C货的鉴定比B货的鉴定容易。A货翡翠的致色原理使得其吸收光谱表现为在红区的690纳米处（强）、660纳米处

C货玉镯一组

（中）、630纳米处（弱）有吸收线；染成绿色的C货的吸收光谱，则表现为在红区650纳米附近有一明显吸收带。早期不法商人用成本很低的铬盐将翡翠染色，在查尔斯滤色镜（俗称“翡翠照妖镜”）下会呈现红色，而A货在查尔斯滤色镜下依然为绿色。因此一镜在手就很容易分辨A货还是C货。但铬盐染色的C货制作法已基本没人使用。现在用有机染料染色的C货，在查尔斯滤色镜下和A货的表现相同，“照妖镜”在这种C货面前完全失效了！

而看结构始终是最好的鉴别方法，不过这也需一定的经验。C货的加工过程会破坏玉的原有结构，造成很多细微的流纹和绺裂，作伪者即利用这些小绺裂把假色渗进玉石内部。因为假色由外向内渗透，所以其外表部分颜色较深，内部则色较浅。把C货置于10倍放大镜下细看，可见小绺裂处翠色很浓，没有小绺裂处翠色很淡、很少、很浅，甚至没有。所以在放大镜下C货的绿色是呈丝状的，并非天然而均匀地浑然一体。正因如此，C货的绿色大部分均匀呆板缺乏“灵”气，颜色绝大多数都靠边，粒状显示没有色根，染上去的颜色沿裂缝分布。时间一长，C货绿色会泛出黄色，在太阳照射下反应更快。市场上有些人还会在C货的表面残留一些绿色的抛光粉（氧化铬），使本来没有色或者浅绿色的C货看上去更绿。这一手法用10倍以上放大镜能轻易识别。

总结起来，A、B、C货的特征可以通过下表进行横向对比。

C货染色平安扣

翡翠A、B、C货鉴定特征对比表

鉴定项目＼类别	A货翡翠	B货翡翠	C货翡翠
颜色	颜色真实自然	颜色呆板、沉闷	颜色不自然，鲜艳中带邪色，无色根
光泽	油脂—玻璃光泽	光泽弱，呈蜡状，树脂光泽	光泽弱，呈蜡状，树脂光泽
放大观察表面特征	表面细腻致密，光洁度高，可见翠性	表面不够光洁，可见砂眼、腐蚀凹坑（腐蚀网纹），结构松散	表面不够光洁，可见颜色沿颗粒空隙及裂隙分布并浓集
底与色	底与色协调自然	底与色不协调，无自然过渡	底与色不协调，颜色艳丽
铁迹	可见铁迹	底很干净很白，不见杂质和铁迹	
荧光检测	长波紫外光下无或弱荧光	长波紫外光下可见胶的荧光	染紫色翡翠有荧光
红外光谱	$3200cm^{-1}$~$3600cm^{-1}$处有吸收峰	（2400～2600）cm^{-1}和（2800～3200）cm^{-1}有强吸收峰	
吸收光谱	鲜绿色翡翠在红区有三条阶梯状吸收线		染绿色翡翠在红区有一模糊吸收带

【翡翠D货及其鉴定】

镀膜的翡翠D货也叫“穿衣翡翠”，市场上并不多见，但在实验室的标本里、中缅边界的流动小贩手里，或景区、车站、码头等人员流动的地域仍可看到。其大多是粒度较小的戒面，透明度很差。鉴别时在戒面上用小别针轻轻一挑，如是D货，“衣”会被挑破，A货则不会。拿10倍以上放大镜细看，常可看到搬运包装过程中，D货相互碰撞后碰破“衣裳”的痕迹。

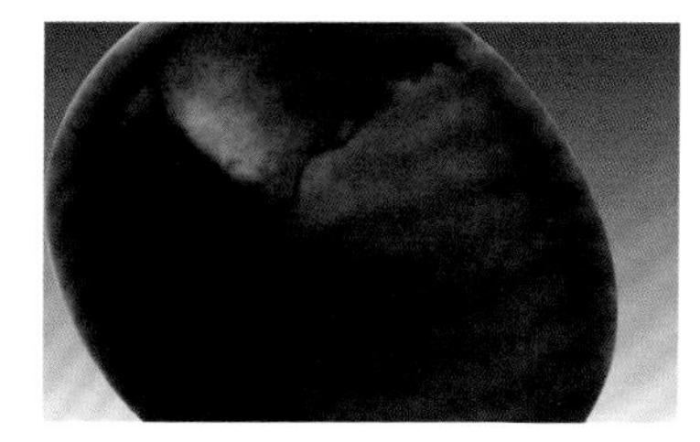

D货镀膜翡翠

因易于识破，现市场已难见到。

【玻璃料冒充翡翠的识别】

许多人以为现在已经很少有用玻璃料冒充的翡翠玉珠了，以为其极易与真翡翠区别，其实不然。在大陆和台湾等地，仍有不少料珠充斥市场。其中有些是旧料珠，有些是从缅甸运往大陆的料货（俗称“魔谷玉”），有些则是产自日本的无泡绿玻璃（误作“日本翠玉”）。

绿色玻璃制品

玻璃假翡翠大多藏有明显小气泡，翠色呆滞，比重轻，手感特别轻飘，在光照下也无质感和翠性，断口为贝壳状。“日本翠玉”虽经特制后并无明显气泡，但同样色邪色呆，有明显的蛤状或叶脉状的玻璃流纹。

近几年来，人造宝石的工艺日趋完善，成品越来越俏美，达到足以乱真的境地。现在也出现了“脱玻化”玻璃翠玉——把特制翠绿玻璃熔于控温水气中慢慢冷却，使非晶质的玻璃变成晶质体，从而酷似具有晶体结构的翡翠。

不过人造宝石毕竟不同于天遗瑰宝，难免留有人工痕迹。假翡翠的颜色鲜艳、均一、完美，色纹却规整缺少变化，因杂质少、净度高而显得透明度过头，并且触感欠佳，没有天然玉石带来的透凉润滑，也无翡翠的斑晶翠性，并且会有光滑的收缩凹面。市场上还有一种仿翠玉玻璃珠，加进翠绿染色剂，使其呈醒目的斑点状，在10倍放大镜下，亦可见其热浪纹或旋涡纹。

【多层粘贴的真假翡翠识别】

这种作假方法称“移花接木”，是前些年在香港和广东风行的伪造翠玉法。其为真假翠玉的综合，是用二至三层优劣翡翠或真假翡

‖四层相粘的“杰作”

翠夹成一颗大翠玉，人们称为“夹心玉”、“夹层玉”等。由于艳浓通透的高翠物稀价贵，有的商人想用最小的成本获取暴利，于是把艳绿的翡翠切割成若干薄片，再与白色翡翠、无色绿柱石或无色玻璃、石英岩等相黏合，合成假翠玉，并与金属材料结合镶嵌，以艳浓的外表欺蒙顾客。

所以，选购或收藏高档翠玉（特别是包镶的色料）时，既要看表面，更要认真细致地观察侧面，看是否有黏合痕迹。

真假翡翠的分辨是门复杂的学问，在实验室里可以依赖科学仪器，但在市场里却全凭个人的经验和判断力。所以，现代科技与经验智慧二者缺一不可。

易与翡翠混淆的石种

具有绿色的矿物品种很多，当中有的属宝石，有的属玉石，有的和翡翠颜色相像，制作为成品后更难以区分。现在把常见的一些与翡翠相似的石种分别介绍，以供玩家欣赏、区分、辨别真假。

【易与翡翠混淆的宝石品种】

(1)金绿宝石与翡翠

金绿宝石名贵稀有，是一种比较复杂的铍铝氧化物，摩氏硬度为8.5，比重为3，呈半透明至透明，最大特点是有变色效应(在阳光下呈绿色、黄绿色等，在灯光下变为紫红色、红色)，也称变色宝石。在变色基础上，金绿宝石又有难得的猫眼效应，细窄灵活的游彩光束，十分生动。

金绿宝石产生绿色的成分主要是铁和铬；而翡翠是铬和铝进入晶格而产生绿色的。同样是玻璃光泽，翡翠亮度不及金绿宝石。金绿宝石的色散为0.015，而翡翠没有色散性能。金绿宝石的代表色是黄绿色，翡翠是翠绿色。金绿宝石的色源无层次，翡翠的色根色源比较分明。

(2)祖母绿与翡翠

祖母绿颜色苍翠碧绿，被誉为“绿色之王”；翡翠浓绿凝重，被誉为“玉石之王”。这两种天然矿物，优质者极其珍贵，世人对它们都无比喜爱。

祖母绿晶体与翡翠块体很容易区分。祖母绿的摩氏硬度是7.58，比重是2.7。如果互相刻划，祖母绿能划破翡翠；如果体积相同，翡翠比祖母绿重。祖母绿的颜色以碧绿为主色调，翡翠以翠绿为主色调，两者都带有黄或蓝的倾向，但祖母绿颜色不如翡翠丰富凝重。祖母绿透明，容易发现蝉翼和雾状包裹体；翡翠只是半透明，能看见杂质而无蝉翼特征。祖母绿因碱性瑕疵严重而没有韧性，碰撞容易破碎；翡翠因属纤维结构，故韧性强。祖母绿的断口为贝壳状，翡翠断口为粒状。祖母绿和翡翠都具有玻璃光泽，但祖母绿更为明亮。在查尔斯滤色镜下，祖母绿为红色或绿色，翡翠为灰色或暗色。

祖母绿项链

(3)橄榄石与翡翠

橄榄石属硅酸盐类宝石，颜色包括正绿及橄榄绿，产生绿色的主要元素是镁和铁。这两个色素离子接近平衡时，橄榄石绿色会变为柠檬黄绿色；如果铁离子强于镁，橄榄绿就会变得翠亮，反之变为褐色。翠亮色的橄榄石为名贵宝石。它的摩氏硬度为6.5～7，性脆，熔点高，断面为贝壳状，透明度高，光泽为玻璃光泽及次玻璃光泽。

浓绿色的橄榄石很似祖母绿，也似翡翠，但偏黄而少蓝味。橄榄石的绿黄色，没有祖母绿或翠榴石那么强烈，比较偏向翡翠的柔和。橄榄石有三个等级：一级艳黄绿，在灯光下呈祖母绿色，很美；二级金黄绿，是金亮的黄绿色；三级棕黄绿，是褐棕的黄绿色。查尔斯滤色镜下看，橄榄石为绿色，翡翠为灰色。

(4)铬透辉石与翡翠

铬透辉石是透辉石中少见的优质品种，其浅绿色与翡翠十分相似。铬透辉石以有猫眼效应者为最佳，属于宝石级的名品，但不多见。而因它与较透明的翡翠相似，人们常误以为翡翠也具猫眼效应。

实际上，铬透辉石大多为单晶体形，呈玻璃光泽，摩氏硬度为5～6，比重为3.29～3.33，多见为橙黄色、暗黑色，是比较容易与翡翠区分的。

(5)天河石与翡翠

天河石是微斜长石变种，其蓝绿色和块体形状都与翡翠相似。它的摩氏硬度为6，比重为2.57，玻璃光泽。天河石块体大，裂隙多，一般不能作为饰物。它在磨制过程中易破碎，有裂隙，只有优良者可作为其他名贵宝石的陪衬。天河石有个明显的特征，即具有格子色斑的绿色和白色，闪亮诱人，这是它与翡翠相区别的根本特征。

天河石原石

(6)绿碧玺与翡翠

绿碧玺的矿物名称为“电气石”，主要有浅绿、棕绿和深绿颜色，致色离子是Fe^{2+}和Li^{+}，呈玻璃光泽，晶体为三方晶系，全身都有均匀的横形条纹。它内有蝉翼包裹体，摩氏硬度为7.5，比重为3。碧玺呈半透明至透明，有静电性，能吸附灰尘。从不同方向看碧玺会出现不同颜色，这是静电和折射光反应。

最好的碧玺产自巴西，颜色很像祖母绿，但绿得生硬，没有翡翠柔和。黑碧玺在阳光下会变为黄绿色到棕绿色，灯光下会变为橙红色。其鉴别特征是滤色镜下没有反应。

(7)翠榴石与翡翠

翠榴石是石榴石家族中钙铁榴石的变种，属天然硅酸盐类宝石。它的摩氏硬度为6.5，比重为3.84，呈不透明到全透明，玻璃光泽至次金刚光泽。其断面为贝壳状，韧性好，色散0.057，颜色绿中带黄，鲜绿夺目。

翠榴石的绿黄色同翡翠的秧黄翠很相似。翠榴石透明，而秧黄翠翡翠半透明。翠榴石一般都不大，常见的大多只有2～3克拉，不能与翡翠块体相提并论。翠榴石透度高，有显而易见的包裹体，其形如刷子，被称为“马尾巴”。在滤色镜下，翠榴石为红亮色。

(8)磷灰石与翡翠

磷灰石是含氧和氯钙磷酸盐的矿石，摩氏硬度为4，比重为3.2，呈玻璃光泽，一般晶形为短柱状或板块状。它的颜色有淡黄或绿色、蓝色、紫色、粉红色、灰色等。绿色磷灰石以印度出产的为最好，晶体稍大，可达150克拉。使磷灰石产生绿色的离子是Cl^-。其硬度低，一般不受人欢迎。磷灰石中也有一种有猫眼效应，人们有兴趣将其作为收藏品种。

磷灰石原石

绿碧玺晶体

磷灰石的晶形似柱状体，很像绿柱石，它偏蓝的颜色很好看。依据磷灰石浅淡透明的蓝绿和黄绿色，很容易与翡翠区分开。

【易与翡翠混淆的玉石品种】

(1)萤石与翡翠

萤石是金属类矿物，它的成分为氟化钙，摩氏硬度为4，比重为3.18，呈半透明至全透明，玻璃光泽。除绿色外，萤石还有红色、紫色、淡黄色、淡蓝色等，而黄绿色和蓝绿色最受人们喜爱，但不如翡翠的绿色珍贵。萤石有严重的解理，一般不能制作首饰。由于它没有皮壳，所以透明度高，照看时显得颜色浅淡；翡翠透光性也高，照看时也显浅淡，但其色根色源是浓艳的。萤石的晶体多见为立方体、八面体、双晶体；而翡翠块体的形状很随意。萤石性脆，翡翠坚韧。在紫外灯下，萤石显出强烈蓝色光，翡翠是极微弱的绿黄色。萤石少见有磷光，若其成分中含有三价稀土元素，则在黑夜里会发光，比翡翠更诱人。

(2)绿玛瑙与翡翠

玛瑙有显著的同心纹或缠丝纹，这是翡翠没有的构造特征。玛瑙颜色

各种颜色萤石

颇多，其中绿色的虽然不多，却容易与翡翠混淆。市场上多见的绿玛瑙制品，几乎都是人工染色，其绿色过浓，没有自然的柔和感，也没有层次，没有色源，显得呆板单一。天然的绿玛瑙比较少见，其色状太均一，而翡翠的色状则有层次。同是玻璃光泽，绿玛瑙显油亮，翡翠显光亮。绿玛瑙底透但显胶状腻感。绿玛瑙与翡翠硬度相近，相互刻划不起作用。而二者比重不同，绿玛瑙仅为2.6。在滤色镜下，两者都显灰色或无色。

(3)玉髓与翡翠

玉髓是一种硅化物，与玛瑙同质，脆而不韧，颜色有红、黄、蓝、绿、棕等。绿色是它的代表色，因而称为"绿玉髓"，最好为苹果绿，而多见是绿蓝色。玉髓块体没有纹带或条带特征，与翡翠相似。它没有皮壳，通体皆绿，呈不透明至略透明，透光性不及翡翠。有一种玉髓因含绿泥石杂质较多，使苹果绿色变为葱绿色，显得清新美丽。玉髓是隐晶物质，石底细腻，抛光后显现玻璃光泽。其摩氏硬度为6.5~7，比重为2.6。如果玉髓块体中的杂质多为黏土矿，其绿色就会变为深青，光泽暗淡，透明度差，似软玉中的碧玉，所以人们称其为"碧石"。如果玉髓块体出现丝状和纹带状，光泽鲜亮，透明度高，它就是绿玛瑙了。玉髓是制作玉雕的重要原料，一般不制作首饰。

玉髓戒面

(4) 孔雀石与翡翠

孔雀石是含氧盐类矿物，绿色与翡翠极近似。孔雀石分为两类：一类是普通孔雀石，颜色以蓝绿为主；另一类是硅孔雀石，

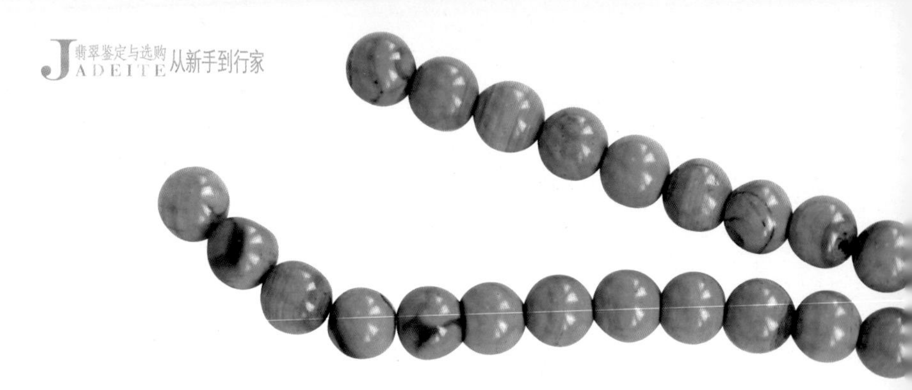

颜色以暗绿为主。两类孔雀石都没有翡翠的翠绿，且化学成分都极不稳定。孔雀石的晶体很罕见，是结核状的致密块状，不像翡翠有皮壳和雾层。孔雀石一般只能作为欣赏石，很少能制作首饰。它的摩氏硬度为4，比较软，不耐磨，绿色易氧化变黑。其比重比翡翠大，在4以上。大多数孔雀石的颜色都是自身化学成分所产生的，没有层次和边缘，而翡翠的色状则截然不同。此外，孔雀石色上有花纹或有同心层的丝状表现，而翡翠没有。翡翠抛光后大多为玻璃光泽，而一般孔雀石虽也有玻璃光泽，但显暗淡，不久即变为蜡状光泽。翡翠透光性好，而孔雀石没有透光性。

孔雀石珠链

(5)菱锌矿与翡翠

菱锌矿因有带灰的淡绿色、带灰的蓝绿色，容易与低档翡翠相混淆。菱锌矿是一种次生矿，摩氏硬度为5，比重为4.3，通常为钟乳状或粒状的致密块体。菱锌矿半透明，呈玻璃光泽，韧性差，不耐盐和酸。从这些化学物理性质来看，它不能用作首饰和玉雕材料。

(6)锆石与翡翠

锆石是冲积矿床里的产物，分高型锆、中型锆和低型锆。只有低型锆有浅绿色或暗绿色的。低型锆大多数不能使用，因内含放射性元素铀和钍，晶体异变为滚筒形状，没有晶面，不能与翡翠作比较。它的摩氏硬度为6.0～7.5，比重为4～4.7，呈半透明，有金刚光泽，滤色镜下稍显红色。

(7)绿松石与翡翠

绿松石以它特有的蔚蓝色、浅蓝色、绿蓝色跻身于彩色玉石群中。尽管它颜色诱人，异常美丽，但却不可以与翡翠相提并论。它的成分是含铜铝和水的磷酸盐，多出产于各类岩缝中，混有许多矿物杂质，孔洞较多，易受污染，怕热怕酸，易褪色变色，不需重击就可能碎裂。绿松石的摩氏硬度为5，比重为2.5。它太娇嫩，加工时必须小心保护，抛光后要染色、敷蜡。绿松石块体无皮无雾，不透明，底色上常有白斑及褐色黑点，结构致密，光泽有蜡状、瓷状和绢状等强光泽。

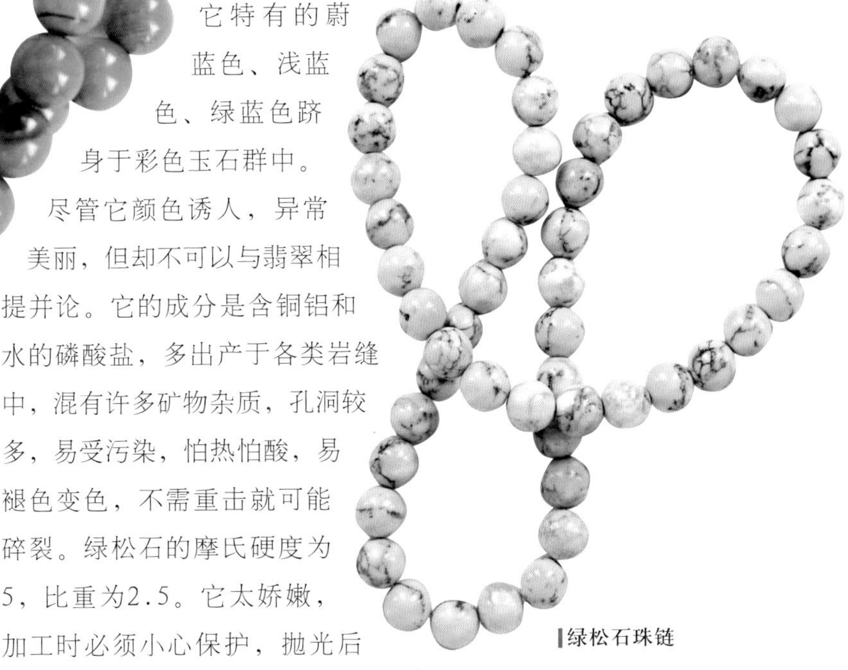

绿松石珠链

(8)东陵石与翡翠

东陵石又作“冬陵石”，是一种钠长石种，属于石英的变种，韧性差，摩氏硬度为7，比重为2.6，因含较多的铬云母而产生翠绿色。其粒状结构颗粒较粗，呈略透明至半透明，玻璃光泽。东陵石的块体与翡翠的变种新场石类似，皮肉不分，形状随意，给人一种质地“泡疏”的感觉。它含有鳞片状分布的铬云母或赤铁矿，在光线下闪烁发亮，这是它的主要特征。东陵石的翠绿色贫乏单一，不及翡翠的翠绿色丰富温润。

(9)河南翠与翡翠

河南翠因产在河南省密县，又称密玉。它与东陵石属同质多象，是绿色或红、红黄色的玉石，摩氏硬度为6.5，比重为2.7，粒状结构，石英颗粒细微，含有因绢云母而产生的浅淡绿色，呈玻

密玉梦嫁摆件

工出大师，色似红翡。

璃光泽。因密玉块体含有复杂的矿物元素，故不能完全使用，尽管也有闪亮的绢云母鳞片，但稀疏暗淡，经人工加色后，可用于制作一些小件雕刻品。

(10)独山玉与翡翠

独山玉是很有代表性的中国玉种，因产于河南省南阳市，古称“南阳玉”。其颜色有黄、白、绿、紫、黑等多种。独山玉的化学成分很不一致，就它的绿色而言，主要因含铬云母、绢云母而产生颜

独山玉春雨滋润摆件

独山玉多色玉镯

色。因含黝帘石化了的斜长岩，它的翠色不及翡翠的鲜艳活泛。在独山玉的同一块体上，常出现几种不同的颜色。而翡翠在同一块体上出现三种以上的颜色的情况不多。独山玉的摩氏硬度为6～6.5，比重为3，抛光后显油脂至玻璃光泽，呈不透明至半透明。独山玉的块体，无皮无壳，与翡翠中的新场石相比，显得绿中生暗，黄里夹黑，块体致密而不见毯状结构。

(11)贵翠与翡翠

贵翠无皮无壳，粗看与新场石翡翠相似，细看则没有毯状结构，从里到外都是石英砂粒。贵翠产于贵州省，是一

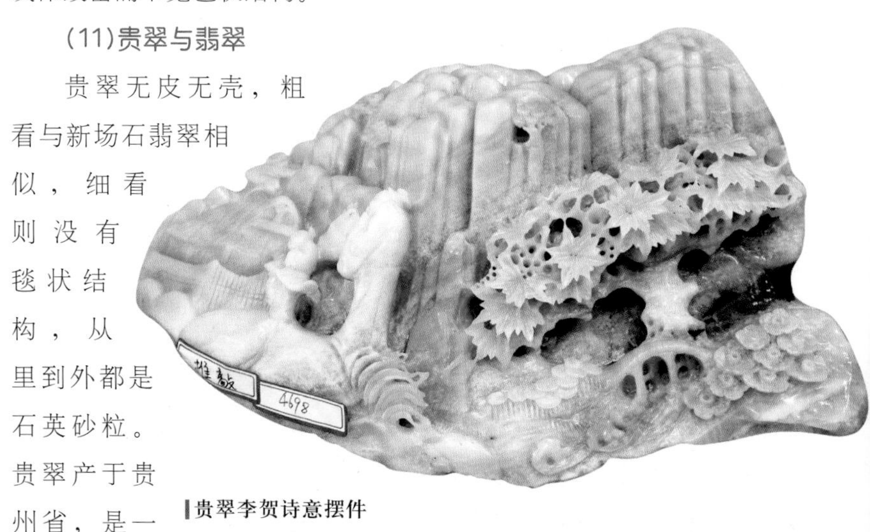

贵翠李贺诗意摆件

种石英质的软玉，块体较大。因成分中含有绿色高岭石，所以呈现出浅淡的绿色和蓝色。高岭石片在贵翠中分布极不均匀，使其缺乏东陵石的闪亮，绿色不够鲜艳。贵翠的摩氏硬度为7，比重为2.7，抛光后一般显玻璃光泽，可作中小件玉雕的原料。

现在翡翠市场上到处可见的另一种所谓“贵州翠”玉，实际上是大理岩玉，产自湖北枣阳，早年被称为“绿宝”，是一种装饰用材。现在，很多不良商家仿制“贵州翠”，并冒充翡翠出售。它的敲击声发闷，手感轻飘，在低档玉器市场展销会或旅游景点市场经常出现。

(12)岫玉与翡翠

岫玉也称“岫岩玉”，旧时称“鲍文石”，是一种常见的东北蛇纹石玉。其摩氏硬度一般为2～3.5，比重为2.2～3.6，呈略透明至半

辽宁岫玉六合四方摆件

透明，颜色有浅绿、深绿、黄绿、翠绿，抛光后显温润油脂光泽。它是中国出产最多、使用最多、品种最多的典型软玉，也是玉雕制品的优质材料。尽管岫玉中的翠绿颜色少见，但它凝重剔透的绿色近似翡翠的绿色，易被人们误以为是珍贵翡翠。按照字义解释，岫玉是出于山洞的玉石，因出产地不同，其所含化学成分及物理性质也略有不同。其中，辽宁岫玉是岫玉中应用最广的代表性品种。其产于中国辽宁省岫岩县，硬度偏高，达5～5.5，主要代表色是浅绿，其次是深绿，可作玉雕材料。

需要特别说明的是，辽宁岫玉中有一种被称为“甲翠”的玉种，与翡翠的飘花品种颇为相似，但比重比翡翠轻，手掂有轻飘感，敲击声发闷而不清澈。

(13)青海翠玉与翡翠

青海翠玉是20世纪90年代发现的一个新种，主要产于青海省的祁连山地区。它的主要矿物成分是钙铝榴石，摩氏硬度为6～6.5，

青海翠玉原石

比重为3.4～3.5，颜色有淡绿和黄绿，呈微透明至半透明，玻璃光泽或油脂光泽，块体形状不等，常见在灰白色至白色的块体上有黑色的斑点。青海翠玉同翡翠的新场石极为相似，也是致密块体。但青海翠玉绿中漏黄，不柔和，缺少翡翠绿色的翠性和温润。青海翠玉在查尔斯滤色镜下呈淡红至深红色，敲击时声音沙哑，不如翡翠铿锵有声。

(14)葡萄石与翡翠

葡萄石是含钙和水的铝硅酸盐，摩氏硬度为6，比重为2.9，颜色有淡绿、暗绿及灰白色等。其结晶颗粒中等，常见的块体大多较粗，形状为13厘米厚的板块状、放射状、菊花状、葡萄状。其块体呈不透明至半透明，呈玻璃光泽，没有皮壳，皮层上有风化槽沟、羽毛状溶蚀残余及白色粉末，常见还有蜂窝状的孔洞以及褐黄色的氧化铁锈色。葡萄石可以做低档戒面石及手镯、花件等饰物，价值很低，属于冒充翡翠的D类品。

葡萄石原石

【易与翡翠混淆的软玉品种】

翡翠是缅甸的国宝，软玉是中国的国宝，都很珍贵。在中国，翡翠称为玉之王公，白玉被称为玉之王后。软玉其实并不软，摩氏硬度6～6.5，比重3。硬玉（翡翠）属辉石类矿物；软玉属闪石类矿物。两者都是韧性较强的石种。硬玉是毯状纤维结构，软玉是粒状纤维结构。两者之间最大的区分点是颜色，软玉绿，硬玉翠。软玉主要分白玉、青玉、青白玉、碧玉、黄玉、墨

墨碧雕琢的蟠龙

外观、比重与墨翠难以区别。

墨翠龙牌

杨勉作品。

玉、红糖玉等。这里仅介绍石中有绿色的品种：墨玉、碧玉、青玉和翠青玉。

(1)墨碧玉与翡翠

墨碧玉是软玉中的一个重要品种，因有阳起石混杂而产生了黑色。软玉的底细腻，配上黑色则相得益彰。同翡翠中的墨翠一样，墨碧玉透光性较强，平水看墨玉，墨如漆色，照水看则绿如青草。墨碧玉因常与青玉颜色相似，令人喜爱，是首饰及玉雕的优质材料。而黑色如果在翡翠中出现，则使其硬度降低，除了在墨翠底上之外，都不受人们欢迎。

墨碧玉与墨翠的主要区别有两点：一是抛光后的光泽——墨碧玉呈油脂或油脂-蜡状光泽，而墨翠则呈现玻璃光泽；二是在强光侧照或背射光下，墨碧玉的绿色中多见黑色斑点，这是铬元素集中致色的表现，而墨翠上则不会出现这种现象。

(2)碧玉

碧玉在颜色绿、块体致密、韧性好等方面都与翡翠有相似之处，初看似翡翠新场石。其实它们之间的性质截然不同：碧玉是含水的钙镁硅酸盐，摩氏硬度为5.5～6.5，同翡翠相互刻划，显得软而有条痕。碧玉的比重为2.95，抛光后显油质光泽，极少数的显玻璃光泽，滤色镜下没有反应。其断面为粒状，与翡翠相同。

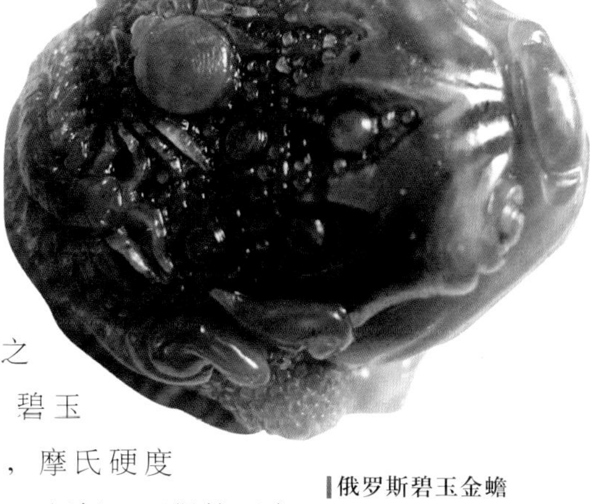

俄罗斯碧玉金蟾

肉眼可以从三个方面的特征区分碧玉和翡翠：一是颜色，碧玉的颜色呈暗绿—黄绿—暗黄绿色、蓝绿色，分布均匀，与翡翠截然不同；二是内部杂质，软玉多含肉眼可见的黑色包裹体，对石体影响较大，使硬度变低，市场上常见的新疆碧玉、俄罗斯碧玉和加拿大碧玉多含黑色包裹体；三是表面特征，碧玉的矿物晶体非常小，具有与翡翠不同的光泽和表面表征，成品常呈油脂光泽，肉眼看不到橘皮效应和翠性。另外，翡翠颜色有层次、浓淡和边缘，而碧玉不同。

青玉薄胎双耳瓶

(3)青玉

中国人常把白马称为

“青马”，自然也可以把白玉称为“青玉”。青玉（青白玉）带有浅淡的绿色、淡的烟色和淡的蓝色，并不十分纯白，“说白又青，说青又白”，极难形容。平水看青玉，很难区分，若以照水相看，青与白还是分明的，因而就产生了青白玉。青玉的青色，是含铁成分的过渡颜色，只因交代作用清楚，过渡稳定，极少杂质，所以显得一青二白。青玉的光泽为油脂光泽，极少数有玻璃光泽，这些都与翡翠截然不同。

(4)翠青玉（白带翠玉）

翠青玉是产于青海格尔木的白玉中一个特殊品种。其特征是在白色（或青白色等色）的底上出现点状、云絮状、丝柳状的翠色。它既有白玉的温润和含蓄内敛，又有绿色翡翠的鲜艳与生命活力，兼具软硬玉的优点，成为爱好者追捧的特色玉种，价格在昆仑玉中是最高的。翠青玉虽然有绿色的鲜活，其光泽仍为油腊光泽，与翡翠的玻璃光泽大不相同，较易区别。

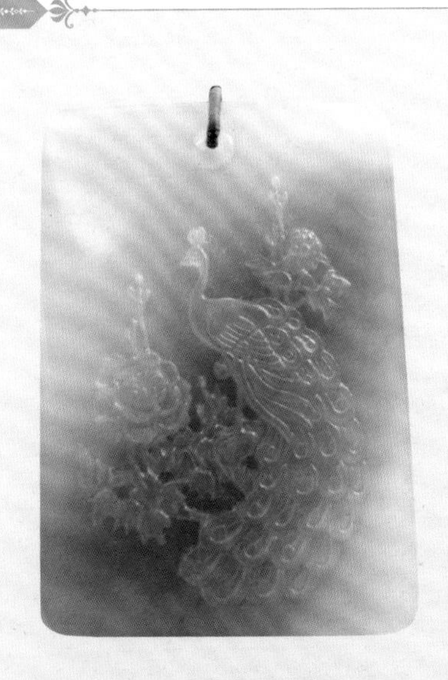

极似翡翠的昆仑玉白带翠玉

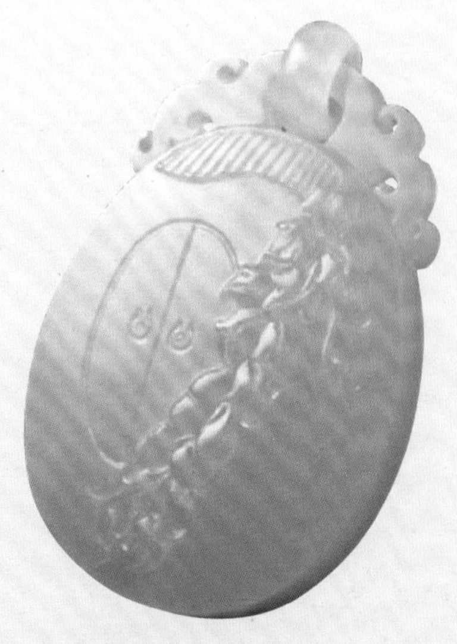

白带翠和田玉玉牌

与翡翠的绿色有相似之处。

翡翠市场的“四大杀手”

长期以来，翡翠市场上有“四大杀手”的传言，使到中缅边境和广东等地购买翡翠的人心有余悸。“四大杀手”指产自缅甸类似翡翠的玉，没有经过人工处理，常被当地的玉商有意无意地当作翡翠出售，初学者最易上当且难与其论理，因而常蒙受损失。

关于“四大杀手”，翡翠界有两种说法：一是“水沫子”(钠长石玉)、“不倒翁”、“昆究”和“沫之渍”；二是“水沫子”、磨西西石、角闪石质黑玉和钙铝榴石。现分别简述如下。

【“四大杀手”的第一种说法】

(1)白棉飘荡的“水沫子”（钠长石玉和石英岩玉）

在中缅边境及广东等地常出现一种白色的或白色带蓝花及蓝绿花的、透明或半透明的玉石，外观似水头好的“冰种”翡翠，内部有较多石脑或白棉，像水中泛起的泡沫，在放大镜下观察则看不到翠性——这就是产于缅甸翡翠矿床中纯翡翠（硬玉）的围岩，“水沫子”。

极似黄翡红翡的染色石英岩玉件

水沫子是云南当地人的称谓，言其像水从高处跌下翻起水花表层的沫子。其种类多、变化大，也十分漂亮，其中无色、白色、灰色的水沫子水头好，呈半透明状，酷似水种皆好的糯化种、冰种或蓝花冰种翡翠，惹人喜爱，在当地被称为“水底飘蓝花”，常使人看走了眼而高价购买。目前质量好的白色水沫子手镯叫价竟也高达数万元。

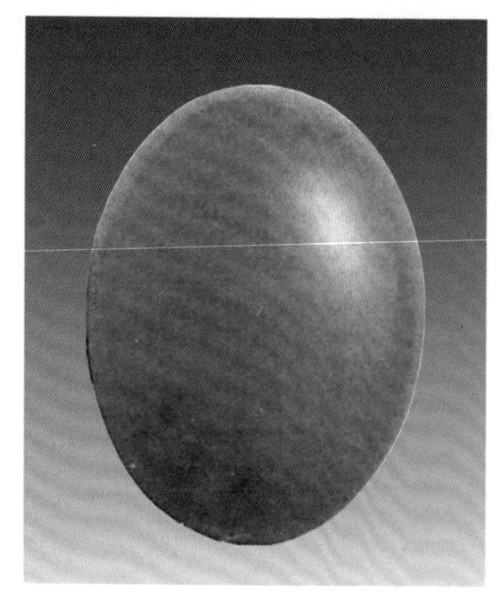

“马来西亚玉”（染色石英岩）制品

水沫子主要包括钠长石玉和石英岩玉两类，钠长石玉水沫子包括无色起荧光的、淡绿的、翠绿的和飘花的，其花色又有黑、灰绿、灰蓝、黄、蓝、灰等；石英岩玉水沫子包括无色、白、茶、褐、黄、蓝、黑等色，其中白色、无色起荧光的石英岩玉在市场上最受欢迎。

钠长石虽通透但不明亮，伴有石脑和棉，棉呈圆状或近似圆状；呈玻璃—蜡状光泽；石花多呈丝状、苔藓状分布、蓝绿色或墨绿

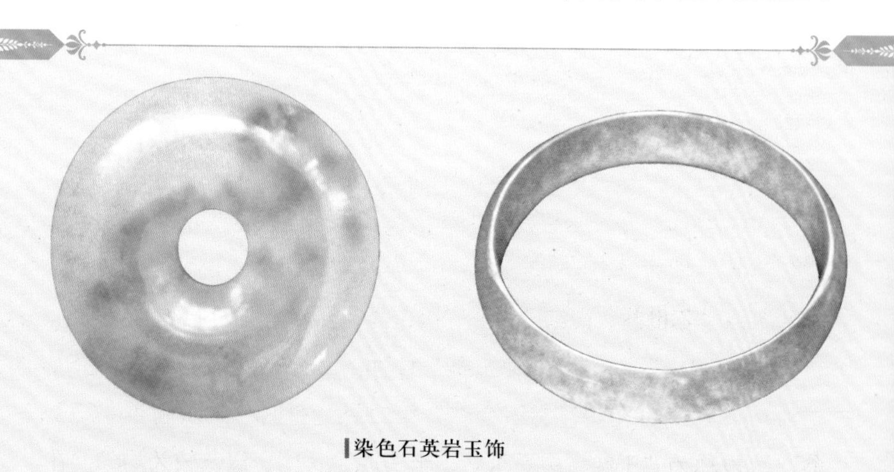

染色石英岩玉饰

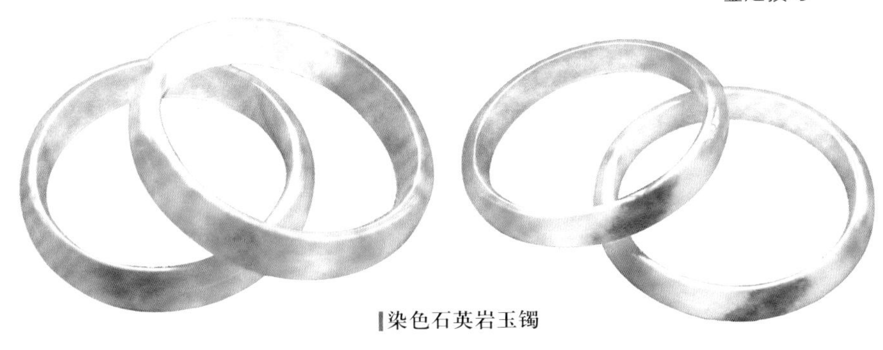

染色石英岩玉镯

色的花不鲜艳，定向排列，没有翠性。钠长石玉石花的形状虽与翡翠相似，但花多为蓝绿色、灰绿色、蓝黑色、黄色等，与翡翠明显不同。钠长石玉的比重约为2.60～2.63，手掂起来明显比翡翠轻。钠长石玉敲击时声音沉闷、发软，不是翡翠特有的清脆声音。

石英质玉均经过优化处理，或染色，或充填。透光观察，染色后的石英岩，颜色围绕着圆形颗粒分布，呈网状排列。分光镜下观察，绿色染色石英岩可见红区吸收带，成为典型的鉴定依据。充填石英岩玉的效果不很明显，表面光泽稍弱，放大观察时，其表面结构看不到明显的网纹，但在紫外荧光灯下观察，常可见到荧光现象。石英岩硬度大于钠长石，光泽也强于钠长石玉。那些起荧光、光泽强、无杂质或少杂质的白色戒面、戒指、挂件、玉镯，很多都是石英岩玉。特别是水好无色，酷似玻璃种的戒面很多为石英岩或水晶，钠长石玉无此品种。石英岩玉飘花的主要是蓝花或蓝黑花、无绿花。石英岩玉为粒状结构，颗粒感明显。

(2)青葱翠绿的“不倒翁”（水钙铝榴石玉和玉髓蛋白石玉）

“不倒翁”是一种极易与翡翠混淆的绿色玉石，因产于缅北名为“葡萄”的地方，音似“不倒翁”三个汉字，故云南市场俗称为“不倒翁”。“不倒翁”由细砂组成，因色泽光亮，易让人上当。

“不倒翁”一般有两种：第一种称为“水钙铝榴石玉”，呈半透明至不透明，在滤色镜下变红；第二种为蛋白石或玉髓类“不倒翁”，被称为“玉髓蛋白石玉”，半透明到透明，绿色较为均匀。在

经过染色处理的水钙铝榴石玉貔貅

两种“不倒翁”中，水钙铝榴石玉水头差，透明度低，绿色多呈斑点状或条带状；玉髓蛋白石玉则水头足，透明度较高，绿色较均匀，种嫩，有皮无雾。两种“不倒翁”在手感和重量上与缅甸翡翠相当，具有较好的温润感，但硬度上比翡翠低。这种天然颜色的玉在查尔斯滤色镜下发红，与上色后的B货玉反应一样明显，从而易于识别。

(3)碧绿如花的“昆究”

“昆究”也是缅语音译，亦称“昆就”、“困就”、“困究”等。“昆究”花纹环绕，颜色漂亮，形似翡翠水石，剖开有青色的带状花纹和较多杂质，很湿润，重量感也同于翡翠。经研究，这是一种主要矿物为透闪石的软玉，其结构较为细腻，透明至半透明，暗绿色或灰蓝、蓝灰色。其折射率（1.62～1.63）、比重（2.95～2.98）和硬度均比翡翠低。其闪石成分复杂，主要为碱性闪石，矿物粒度细小，多呈纤维状、片状和针状，构成典型的毛毡状结构。“昆究”虽外形似水石，但绿色不多，故制成饰品进入市场亦不多，价值也远低于翡翠，受其危害的商家和消费者并不多。

(4)黑不溜秋的“沫之渍”（钠铬辉石）

“沫之渍” 的矿物组成及结构与翡翠差不多，实际上也可以说是翡翠的一个特殊品种，传统的珠宝商界称其为“干青”翡翠，即钠铬辉石。“沫之渍”也称为“莫子石”、“沫子石”，是一种灰绿色、水头差的矿石，产于缅甸，在云南瑞丽、腾冲市场上常见。

“沫之渍”呈暗绿色，绿得发黑，水头较差，很多是有色无水，被戏称为“干三爷”。但少数优质的“沫之渍”水头较好，达到了玉石的标准，应当被称为“翡翠”。

自清嘉庆年间腾冲平文庆发现绮罗玉（沫之渍的优秀品种）后，沫子石玉在广东价格被炒得很高，被称为“广片”，当时最高价达万元以上。不过，即使是“沫之渍”中的上品（色为艳绿或孔雀绿），其透光性仍较差，色浓而不均匀，结构较粗，比重较大，摩氏硬度较低，脆性略大。

过去，珠宝界专家学者认为钠铬辉石（“干青种翡翠”）不是翡翠，在珠宝检验中也不定名翡翠。后经认真研究，人们又重新认定钠铬辉石属于翡翠。因此“四大杀手”的内容才有了第二种说法。

水沫子福贵有余挂件

【“四大杀手”的第二种说法】

(1)“水沫子”

鉴定及特征同第一种说法。

(2)磨西西石

磨西西石乍看与翡翠很相似，是一种鲜绿带黑斑的多晶质集合体，组成矿物成分复杂，因产自缅北磨西西镇而得名。其主要鉴定特征为：比重为2.8～3.2，低于或略低于翡翠；折射率在同一块料的各部分都有可能不同，通常为1.60～1.62。以上特征都说明，磨西西石不是翡翠。

磨西西石

角闪石玉手链

(3)角闪石玉

角闪石玉即透闪石玉，是翡翠市场常见的一种貌似墨翠的黑玉。其识别特征为：外观纯黑或墨绿，不透明但光泽强，可见绿色斑点，透射光(手电或灯光)下呈深绿色。其成分以角闪石为主，含少量硬玉，比重为3，低于翡翠。

角闪石玉主要产自缅甸和青海格尔木，青海当地称“黑青玉”（黑青料）。此外，河南淅川与陕西商南县山区亦出此玉，称为“黑绿玉”。该玉在云南市场上随处可见，常被做成手镯等饰品。

鉴于上述特征，角闪石玉应定名为“角闪石质黑玉”，不是“墨翠”。

(4)钙铝榴石

这种说法近似于第一种说法中的“不倒翁”。钙铝榴石底色为白或浅灰白，底上有绿点或偶有绿色斑块，与翡翠的主要区别是比重大（3.60～3.90），无翠性，为明显的粒状结构。其折射率（1.73～1.89）高于翡翠（1.64～1.67），在查尔斯滤色镜下绿色部分变为红色。

钙铝榴石手镯
图片来自“翡翠王朝”。

缅甸市场上的“不倒翁”或钙铝榴石，有产自本地的，也有来自中国西部青海省、新疆地区的。因为翡翠可以卖出高价，因此少数玉商辗转数千里，将产自国内的钙铝榴石原料运到缅甸，鱼目混珠。

根据翡翠市场上的实际情况，综合多种认识，上述两种说法的“四大杀手”中最具杀伤力的应为：钠长石玉、石英质玉、钙铝榴石一水钙铝榴石(绿色石榴石)和磨西西石。

至于钠铬辉石(干青)和角闪石质玉不称为“杀手”的主要原因是：钠铬辉石特征明显，易于识别，同时在某种意义上来说，也确为翡翠的一种；而角闪石质黑玉看上去档次不高，鉴定特征明显，难以冒充翡翠，即便有人误认为翡翠，也不愿出高价钱购买，因此难当“杀手”。

【翡翠市场的“第五杀手”——危地马拉翡翠】

最近两年，翡翠市场有一种称为“永楚料”的玉器大行其道，在各地十分流行。其实这种玉料来自拉美的危地马拉，也属于翡翠质，只是质量普遍低于缅甸翡翠而已。被中缅边界的不良商人杜撰为“永楚料”以售其奸，蒙骗顾客。其主要特点是薄、透、有黑点、蓝绿色、玉质发脆，成品后面基本都挖空成薄皮来显水色（因玉料厚了颜色会发黑），使绿色提升，看起来非常像缅甸翡翠的蓝水。因这种玉石成品玉料一般都薄，所以必须镶嵌处理。但即使镶嵌了因硬度不够，稍不注意也容易碰断或压断。这种玉石一是因太薄和密度不够，时间一久就经不起考验，有些成品会受氧化而变种，颜色会变暗；二是在送技监部门检测时，按折射率等项目检测与翡翠A货相符，有些检测站可以给A货证书，但密度项目里会写“因镶嵌未测”，以规避此类料子密度不足的缺点。以上两点是所谓“永楚料”和缅甸翡翠的主要区别。因为这种玉石可以得到翡翠A货的证书，欺骗性很大，所以被翡翠界称为“第五杀手”。因此，读者朋友们在遇到颜色偏蓝绿、料子太薄的翡翠挂件时要特别警惕。

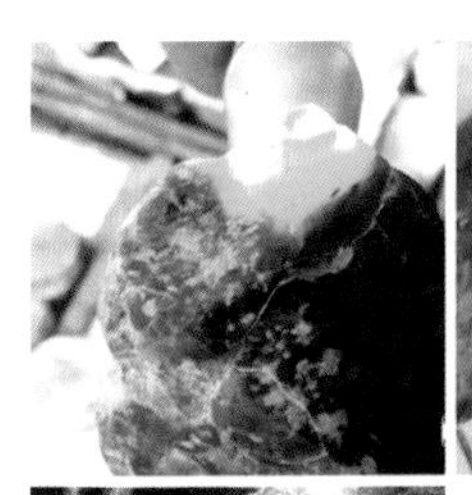
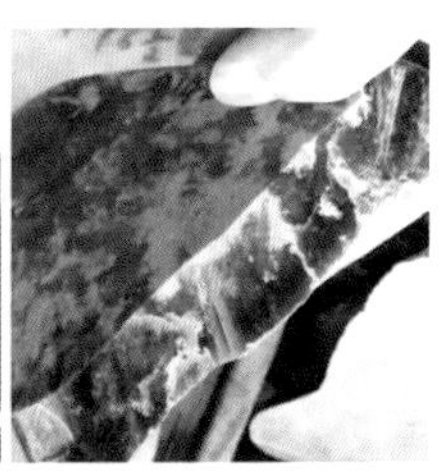
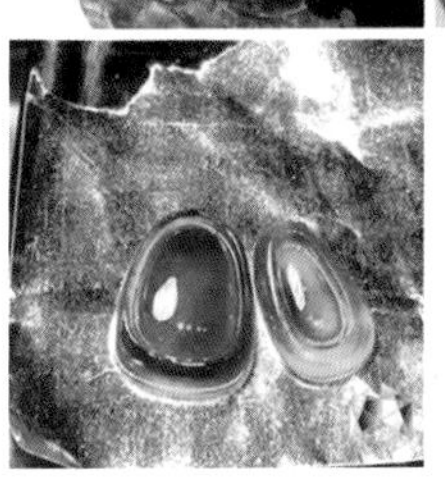

“永楚料”（危地马拉翡翠）

翡翠仿冒品的主要鉴别特征

分类	玉石名称	主要组成矿物	主要物性参数			主要特征	著名产地
			硬度（摩氏）	折射率	比重		
	翡翠	钠铝辉石，绿辉石	6.5～7	1.66	3.33	纤维状或柱粒状变晶结构，大多可见“翠性”	缅甸、危地马拉
完全人造	料翠	玻璃	6	1.52～1.54	2.5～2.6	非晶质，常见有气泡	无特定产地
	依莫利石	脱玻化玻璃	6	1.52～1.54	2.5～2.6	非晶质，但可见骸晶、雏晶	日本
	塑料仿翠	塑料	≤4	1.46～1.59	≤1.55	非晶质，偶见气泡及流动纹	无特定产地
染色的天然玉石	马来西亚玉	石英	7	1.55	2.65	粒状结构，颜色呈丝絮状分布于晶粒间隙	无特定产地
	染色大理岩	方解石	3	1.48～1.65	2.7～2.8	滴酸会起泡，颜色分布于粒间和裂隙中	无特定产地
天然的玉石	水沫子	钠长石	6	1.53	2.6	柱粒状变晶结构，透明度较好，手感轻	缅甸
	不倒翁	水钙铝榴石	7～7.5	1.72～1.75	3.47～3.75	粒状结构，查尔斯滤色镜下绿色会泛红	缅甸、特兰斯瓦
	昆究（或碧玉）	阳起石、铁阳起石	6～6.5	1.62	3	纤维交织结构，不透明或近于不透明	缅甸、我国新疆
	莫子石	钠铝辉石、钠铬辉石、角闪石	5.5～7	1.52～1.74	2.98～3.57	柱粒状变晶结构，不透明或近于不透明	缅甸
	青海翠玉	石榴石、透辉石、铬尖晶石	6～7	1.64～1.74	2.89～3.2	粒状结构，查尔斯滤色镜下绿色会泛红	我国青海
	黄色钙铝榴石玉	钙铝榴石、符山石少量	6～7	1.73	3.48～3.52	黄褐色，粒状结构	不详
	独山玉	斜长石、黝帘石、铬云母	6～7	1.56～1.7	2.7～3.18	粒状结构，查尔斯滤色镜下绿色会泛红	我国河南
	东陵石（或密玉）	石英、铬云母（或绢云母）	7	1.55	2.65	含众多定向分布的云母片	印度、我国河南等
	葡萄石玉	葡萄石	6～6.5	1.63	2.8～2.95	放射状纤维结构，透明度较好	日本、南非
	符山石玉	符山石	6.5～7	1.72	3.25～3.4	微晶粒状结构	美国加州、我国河南
	澳玉、黄龙玉	石英	7	1.55	2.65	隐晶质	澳洲、云南
	岫玉、朝鲜翡翠	蛇纹石	4～5.5	1.56～1.57	2.44～2.82	微晶或隐晶结构，常见云状斑	我国辽宁、朝鲜
单晶质的玉石	祖母绿	祖母绿	8	1.56～1.58	2.8	非均质光性，查尔斯滤色镜下变红	巴西、我国云南
	大河石	天河石	6	1.53	2.65	非均质光性，有时可见解理面	巴西、我国云南和新疆

购藏实践

翡翠商品综合估价

在购买翡翠商品（尤其是贵重商品）时，一要辨别真假，避免吃亏上当，二要衡量饰品档次，合理估价。

颜色（色）、结构与构造（种）、透明度（水）、底、工艺（工）、完美度、重量大小——这七个指标可称为翡翠商品价值的七要素，结合这七个要素可以综合衡量翡翠质量的优劣及品级的高低，从而估出其价值范围。

【颜色】

颜色是反映翡翠商品价值最直观、最重要的因素。而影响翡翠颜色价值的要素有五个：色调、明度、饱和度、色比、色形。其中，前三个要素是色彩学中的“颜色三要素”，后两个则是翡翠估价所需的特殊要素。

(1)**色调**：即颜色的种类。在翡翠饰品中红为翡，绿为翠，紫为“椿”。估价时，以翠为贵，“椿”次之，翡再次之，其他颜色列于这三类之后。

红翡把握机遇玩件
徐桂雪提供。

紫罗兰翡翠玉镯

(2)**明度**：即颜色的明亮程度，也称“亮度”。明度高称色阳（色亮），质量佳；明度低称色阴（色暗），质量差。

(3)**饱和度**：即颜色的鲜艳程度。饱和度高为色浓（色深），饱和度低为色淡（色浅）。饱和度适中才有良好的视觉效果。

(4)**色比**：指在一件翡翠饰品中，有色部分与整体的面积（或体积）比值。色比值越大，价值越高。如果一件翡翠饰品中有几种颜色，则可估算出每种颜色的色比值，再结合各相关因素作出评价。

(5)**色形**：即颜色在翡翠饰品中的形状，如丝状、条状、波纹状等。

三色翡翠大展宏图雕件

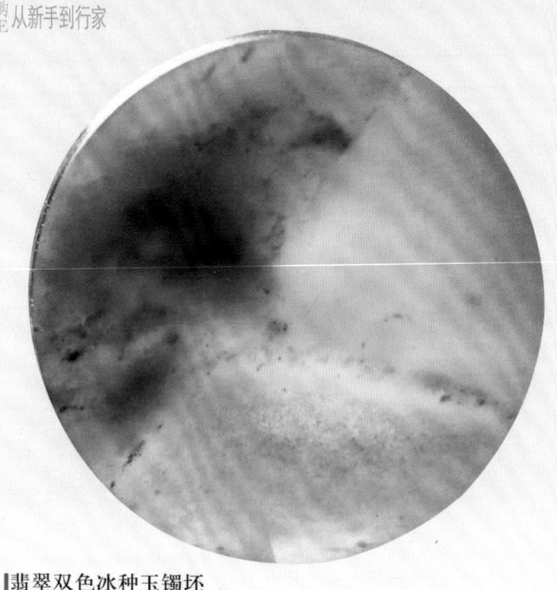

翡翠双色冰种玉镯坯

翡翠颜色的形状千姿百态，如果好的底上有好的色调，又具有好的色形，就会产生强烈的神秘感和艺术魅力，使价值陡然上升，这种情况在玉雕摆件中并不少见。

【结构与构造(即“种”)】

“种”包含了两个相互影响的含义：①矿物集合体的结构，包括晶粒的大小、形态和相互关系，以及矿物的内部解理等；②矿物集合体的构造，即翡翠晶体的形状、组合方式、疏密程度、微裂隙及石纹等。

通常，翡翠的种好，则结构均匀细腻、粒度细、抛光后表面光滑程度佳、玉件透明度高，如老坑玻璃种翡翠、冰种翡翠等；种差，则结构不均匀、粒度粗、表面抛光性差、玉件的透明度低，如马牙种、豆种翡翠等。

【透明度】

透明度俗称“水”、“水头”，其优劣反映了一件翡翠饰品是否晶莹、清澈、通透和润泽。透明度与翡翠的“种”、“色”及表面抛光程度都有关。透明度越好，其价值越高。透明度以阳光或手电筒光线在玉料中能穿透的深度来衡量，如“二分水”指阳光在玉料中能透入的深度是二分，约为6毫米。透明、亚透明、半透明、微透明和不透明五类透明度，都对应着一些典型的翡翠品种。

【底】

底，俗称“地张”或“底子”。对于未接触过翡翠的人来说，底的概念比较抽象。传统的解释是：底指在翡翠中除色以外的部分。底犹如一张纸，色就如同纸上作的画，色与底协调，方为上品。

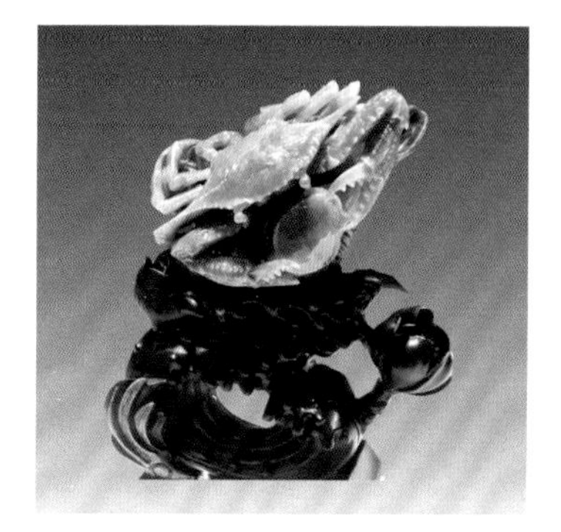

一甲成名摆件

【工艺（简称“工”）】

工，包括翡翠饰品的设计构思、制作与雕刻工艺。具有创意、经典高雅、做工精良的饰品方为上品。

【完美度】

完美度指翡翠玉件的纯净程度和完好程度，如有无杂质、瑕疵、绺裂、缺陷、黑点、石花等。而对于有关联要求的饰品，完美度还包括成双、对称、配套的程度。如耳钉、耳环有成双、对称的要求，龙凤玉牌也存在配套、完整的问题。

大福寿摆件

【重量大小】

对于两块在色、种、水、底等方面相同或相近的翡翠，重量大的价值更高。

在以上各项指标中，色、种、水、工四项指标最重要：种、水决定一块玉件是否有“灵气”；色决定了玉件是否高贵；工则通过所选择的题材、造型及制作水平，反映了设计者的思维和制作者的工艺。只有既具备好的颜色，又具有“灵气”，同时还有着好的表现内容和制作水平，才能显出翡翠饰品的高贵、典雅和隽永。

除上述七个要素外，对于一些特殊翡翠制品的评价，还须考虑其特有的政治、人文背景及历史文物价值等因素。

翡翠度母

南阳国际玉雕节获奖作品，图片提供：王景伟、李政达。

翡翠绿色分级估价

翡翠的商业价值最集中地体现在颜色（尤其是绿色）上。但因绿色十分丰富，变化多端，且翡翠几乎包括了自然界所有绿色，就为分级带来了困难。但只要利用好色彩学原理，抓住绿色调，翡翠的分级也能迎刃而解。

同时，为了正确地给翡翠估价，在评价颜色级别的同时，还需要对色力和种份进行综合评价。

【绿色的四个等级（可参看本书附录）】

(1)**超高级**：指均匀纯正的绿色，色与底融为一体，不浓不淡，具有艳、润、亮、丽的特点。其产量稀少，价值极高。如祖母绿、翠绿、苹果绿、黄秧绿等。

(2)**高级**：根据正绿色的均匀程度，又细分为两档。

①一档：较均匀的正绿色。绿色深浅适中、均匀，但在整体绿色中可见少量较浓的绿色条带、斑块或斑点。绿色总体具有艳、润、亮、丽的特点。产量比较稀少。②二档：不均匀的正绿色。绿色不均匀，但整体浓淡适中，具有艳、润、亮的特点。其产量比一档绿色略高。

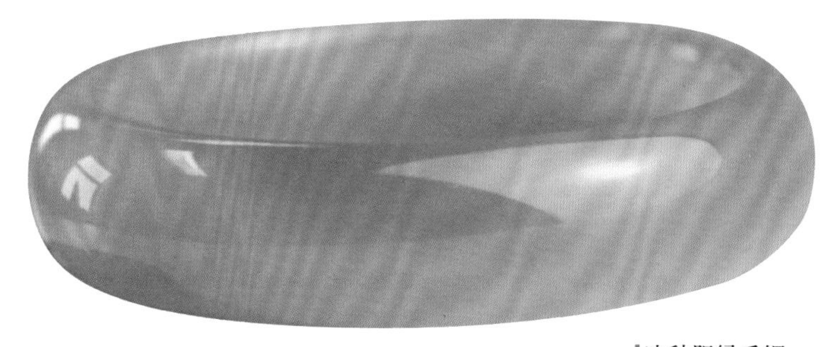

冰种阳绿手镯

乐石珠宝提供。

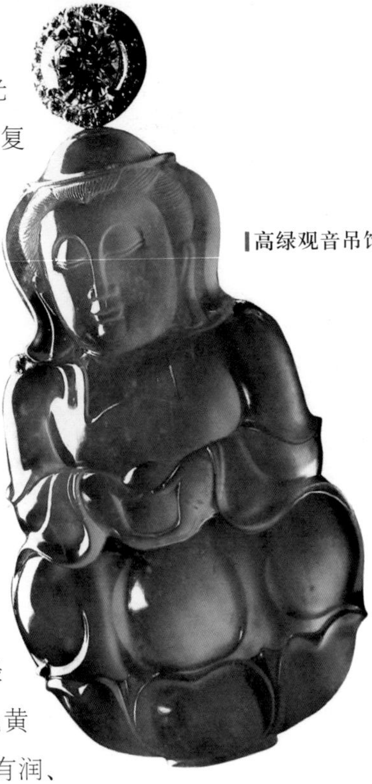

高级及以上的高绿，其光谱、波长为530～510纳米。反复观看熟悉后，肉眼也可较准确判断出这种翠绿色彩。若绿色稍浅淡或较浓时，可根据其他评价条件确定等级。

高绿观音吊饰

（3）中级：凡高绿中偏蓝的属于这个级别，根据偏蓝程度的不同，又可分为两档。

①一档：微偏蓝绿色（光谱波长在510～490纳米），还包括浅淡正绿色、浓深正绿色、鲜艳红色、紫罗兰色和艳黄色，颜色均匀，不浓不淡，具有润、亮、丽的特点。②二档：蓝绿色（光谱波长在490～470纳米），还包括淡红色、淡黄绿色、淡紫罗兰色、淡黄色、纯透白色、纯透黑色等，色调均匀、不浓不淡，具有润、亮的特点。

若该级别的色调分布不均匀、浓淡明显，可降低其级别；若该色调浅淡或较浓时，同样要相应降级。

（4）一般级：蓝、灰蓝色(光谱波长在470纳米以下)，包括暗蓝色、油青等，色调均匀纯净，具有润的特点。这个级别的绿中显黑或显灰，绿中夹过多蓝色。部分油青色玉石如果属绿辉石玉，则不在翡翠绿色的定级范畴内。

若白色或其他颜色的翡翠上，分布有散点状、条带状、斑块状或斑点状的上述各级绿色，评价时要视绿色的多少、大小、厚薄或所占体积来决定等级。其中，若为正绿，则应将绿色部分能否做标准戒面及其他饰品作为评价的基本标准。

若翡翠饰品上含正绿色调在内的四种以上色彩（尤其是五种色彩的十分珍贵），评价时则视绿色在四彩、五彩玉石中的多少来升降级别。

紫罗兰色童子拜观音摆件

【色力的四个等级】

（1）高级：摆下看、悬空看都浓艳。

（2）中级：摆下看浓艳，悬空看浅淡。

（3）一般级：摆下看不太浅淡，悬空看浅淡。

（4）低级：摆下看浅淡，悬空看更淡。

中高级色力的观音玉饰

【种份的四个等级】

（1）高级：半透明以上，质地细、硬度高。

（2）中级：半透明，质地坚实。

（3）一般级：接近半透明，质地一般，略有夹棉。

（4）低级：微透明，质地差，夹棉多。

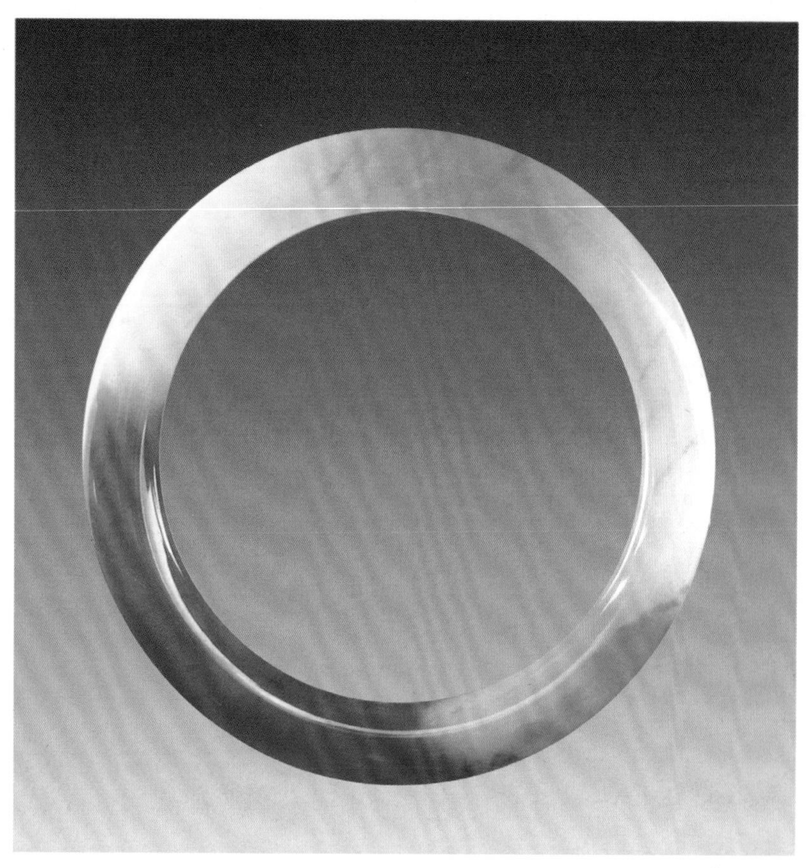

红翡绿翠玉镯

超高档，色力、种份均高级。

如果将翡翠成品按价值分档，则根据货币数量，应分为以10万元为单位的超高档、以万元以上的高档、以千元为单位的中档、以百元为单位的一般档、以十元为单位的低档，共五个档次。

绿色、色力、种分三个方面理论上可排出64种组合，而常能见到的也达20多种。把这些组合放到上述五个价值档位中，则有：

（1）超高档：绿色纯正，为超高级，色力高级，种份高级。

（2）高档：三个方面都是高级或两个方面高级（含超高级）、一方面中级。

（3）中档：一方面高级、两方面中级，或三个方面中级，或两方面高级、一方面一般。

（4）一般档：两方面中级、一方面一般，或一方面中级、两方面一般。

（5）低档：一方面中级、两方面一般，或三方面都一般。

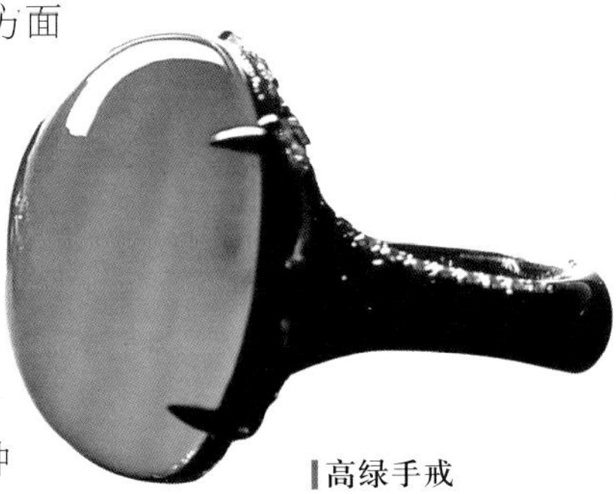

高绿手戒

种色均好的玉料不多，制作者多将其用于戒面。种好色次的玉料不少，多是手镯的取材范围。所以选择手镯，只要种好、底洁净，三色、五色、绿丝、绿片、蓝花都算好货色。

如果一件翡翠玉器通体显绿，呈现均匀的地毯式的绿色，应该注意其真假，因为翡翠之真色是自然之色，不可能均匀刻板、毫无瑕疵，成语“白璧微瑕”就是这个意思。如果人工补充绿色，翡翠的透明度虽会变好，但质地总会有变异。若是成品，从补色面背面悬空望去，绿色会有空泛发泡的不正之感，与颜色逐步扩散的自然绿不同。认准翡翠绿色之真，才能否定人工假色之伪。

糯玻种手镯

颗粒分布均匀，飘点状绿花，种水俱佳。

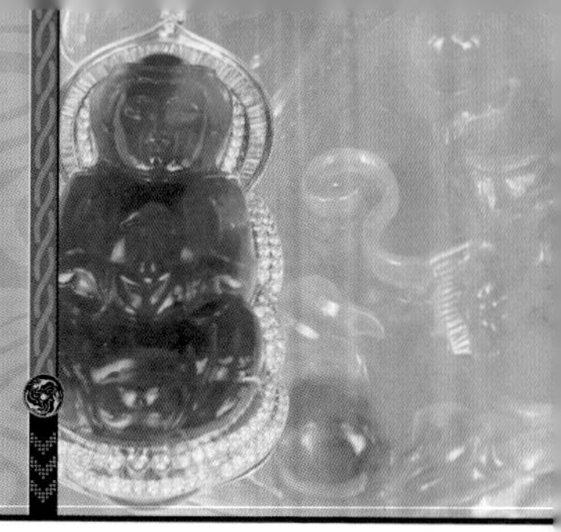

翡翠手镯的选购

手镯是人们经常选购的翡翠饰品，种类繁多。下面介绍翡翠手镯的基本特点，及各类手镯的选购要点。

【翡翠手镯的外形】

翡翠玉镯可以按外形、条形、面纹等分为若干不同类型。

(1)依外形轮廓分：有圆形玉镯、椭圆形玉镯、方圆形玉镯、内圆而外呈多角形的玉镯。

(2)依玉镯条子的形状及加工后横截面的形状分：圆形条子，贴手、稍贵的扁形条子（台湾称“福镯”），和较少见的多角形条子。

(3)依玉镯表面的花纹分：有光身无纹的玉镯、寓意“节节高”的竹节纹玉镯、螺纹玉镯（北方人称为“麻花”）、雕花雕字或镶金玉镯（多因原料有瑕疵）、适合情侣夫妻的龙凤玉镯等。

【翡翠手镯的玉质、做工】

(1)手镯的玉质

做手镯的翡翠必须满足三个条件：①体积足够大；②没有裂纹；③带颜色（主要是绿、紫罗兰、翡色）并有些水头；④有一定晶莹度。

其中，是否有裂纹对手镯的价值影响很大，选购时要按以下方法仔细观察：一、用两手指紧按手镯，变换角度，用透视光反复查看有无裂纹，最好使用放大镜；二、用手指紧按手镯旋转一圈或多圈，仔细体会指上有无绺裂感觉；三、用线绳将多只手镯吊起，用玉件轻轻敲击（或将两只手镯互相碰击），比较声音的区别，如声音清脆，则大多情况下无裂。

若手镯确存在裂纹，则要判断其危险性的大小：横切或部分横切手镯的裂纹，危险性大，容易使其断裂；而平行于手镯的裂纹，危险性稍小。

(2)手镯的做工

观察翡翠手镯的做工要注意：首先，看圆度好不好，包括外形轮廓是否对称美观；其次，看条子粗细与圈口大小的比例是否协调，例如圈口1.4寸而条子厚1分8、圈口1.5寸而条子厚2分，比例就很合适（也有例外，如腾冲所做的玉镯圈口不大，条子却很粗，行家称“腾冲工”）；最后，看其表面打磨抛光是否到位，以及是否有绺裂隐藏。

宽条与细条手镯

【翡翠手镯的价位】

翡翠玉镯价格上下相差很大，便宜的数百元即可买到，最贵的价格超过千万元。

(1)低价手镯(数百元)：低价手镯一般颜色不太好，或灰或暗，玉质较差。大多“种”比较干，质粗，如粗豆种、油青种。

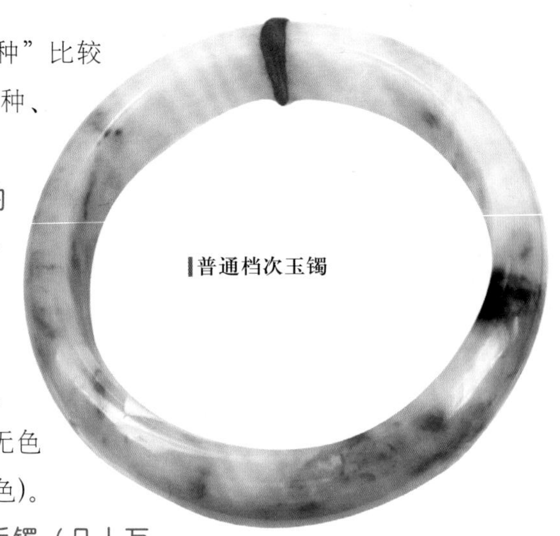
普通档次玉镯

(2)中下价位的手镯(上千元至数千元)：有些好颜色，或有些好“种”，如芙蓉种、豆青种、白底青种，或有种无色(透明度好但不带绿色)。

(3)高价位的手镯（几十万元至几百万元）：一般有些鲜绿色、透明度稍好的手镯价格即上万。绿色的鲜阳度越高、面积越大、透明度越高，手镯价格越高。

(4)珍宝级的手镯（百万元到千万元以上）：绿色鲜活，色、种、质均佳，原料可做戒面料。

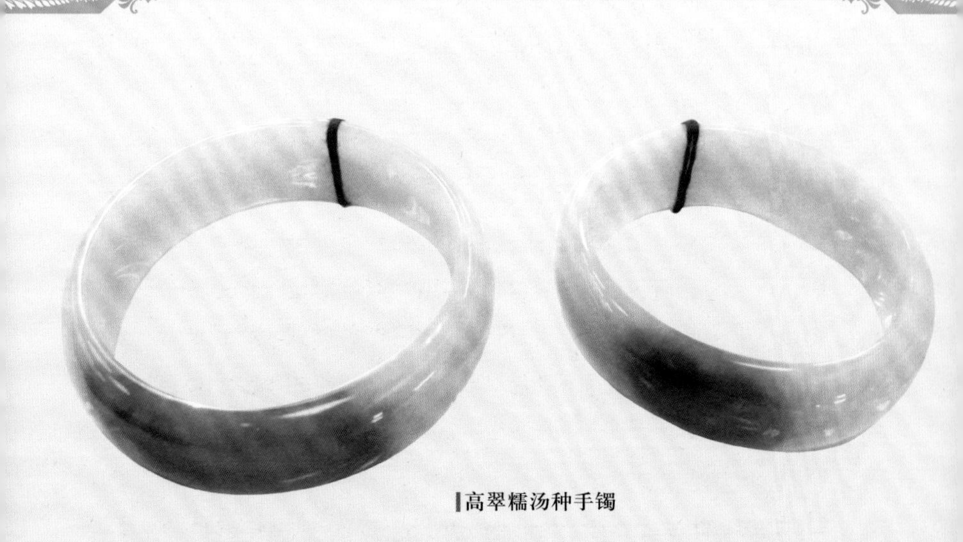
高翠糯汤种手镯

冰底飘兰花手镯一组

【翡翠手镯的种类及选购】

（1）花青种翡翠手镯

花青种手镯是最普遍的翡翠手镯。凡是颜色分布不均匀，但分得出绿色和底色的玉镯都可以称为“花青种”。选购翡翠时，应分“色”和“底”两部分观察。

①色：深度适当，绿色越鲜艳越好；如颜色分布面积占整个手镯的1/2、1/3，且相对集中，要比颜色分散的好。②底：花青种的底色可能为淡绿色或其他颜色，质地也可粗可细。其底从高到低为：玻璃底、准玻璃底、冰底、准冰底、芙蓉底、粉底、豆底和油底。其质从高到低又分为：极幼肉（肉眼不见颗粒）、细粒（肉眼隐约见颗粒）、中粒（肉眼可见部分颗粒）、中粗（肉眼易见大部分颗粒）、粗粒（肉眼很容易见到颗粒）和很粗（肉眼极易见到明显颗粒）。越细，底越通透，价值越高。所以，同样是花青颜色的手镯，玻璃底要比豆底花青贵得多。

（2）白底青翡翠手镯

白底青种翡翠具有雪白的底和鲜绿色的斑，因其常见较大原

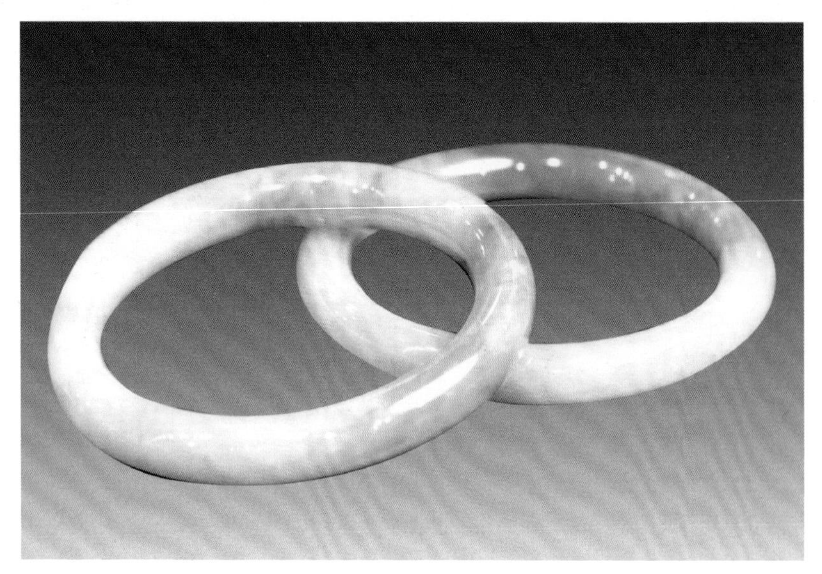

白底青翡翠手镯

石，所以常用来制作手镯。不过，白底青一般不很通透，颜色变化大，手镯的价格差也比较大。选购时同样要看“色”和“底”。

①色：有色面积越大，价格越高；绿色分布越密集越好；白底青的绿色难得有深色，绿色越深越浓越好。②底：底越干净越好、杂质污迹越少越好；通透程度越高越好，从高到低为冰底、准冰底、粉底和豆底；自然质地越细越好，从高到低为细粒、中粒、相对粗和粗。

几百元的白底青手镯一般种质较差很难入眼，几千元的则几乎无色，色浓但种质差或绿色少而淡的，价值几千元到上万元，绿色占手镯的1/2且种质又好的，价格则可以达到几十万元。

（3）紫罗兰手镯

紫罗兰手镯的颜色，带有粉红色的称“粉紫”，偏蓝的称“蓝紫”，带灰色的称“茄紫”。紫色的翡翠总的来说其色调都比较浅淡，蓝紫色的色调会较深。

粉紫和茄紫的玉镯颜色比较均匀，虽然较淡，但是底较好。

蓝紫色或粉紫色的种较好的手镯，其价格就要上万元；色深而鲜的蓝紫、粉紫手镯，即使不均匀，只要种好，其价格就要上升为十万元以上。

满色、均匀色、鲜色而且种好的蓝紫色手镯十分稀有，价值颇高。

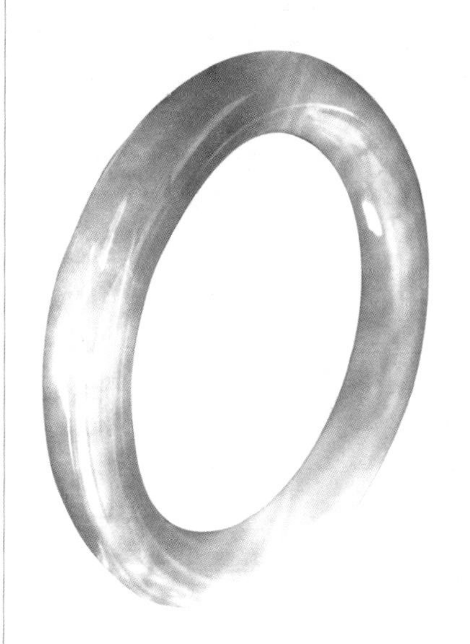

糯汤底茄紫玉镯

（4）福禄寿手镯

具有三种颜色的翡翠手镯被称为福禄寿手镯，其中最理想也较难得的是红、绿、紫三色。如果三种颜色分布得当(各占1／3，或绿色占3/5、红与紫各占1/5最为抢手)，而且色彩鲜阳，种好、质好，这样的手镯是无价之宝，极难寻觅。

中国人传统上喜欢绿色翡翠，其次是红色。若白色底上有鲜绿色和上佳的红色，绿、白、红三色亦令人喜爱。还有所谓的“三彩手镯”，具有红、绿、黄三种颜色，受台湾地区顾客的喜爱。

紫椿手镯一对

圆润饱满，华贵超群，玉中绝色，无上妙品。

此外，还有“椿带翠”的手镯，指紫罗兰的手镯中央具有绿色的条带，香港称这种翡翠为“紫青玉”。如果两种颜色都非常鲜艳，分布配合得很好，则十分吸引人，价格视青色比例而定。

翡翠双色玉镯

天生丽质，高贵典雅。

（5）金丝种手镯

金丝种翡翠手镯，指绿色成平行丝状分布的手镯。其价值从两方面看：一看其绿色丝条的宽窄、密度的大小、色彩是否鲜艳；二看其底是否干净、种是否透明、质是否细腻。

在颜色相同的情况下，常见的金丝种手镯依照底的不同，其价值从高到低依次为玻璃底、冰底、芙蓉底、豆底、油底、粉底。

（6）红色手镯

取红色和黄色的翡翠做手镯，很难得到满红或满黄色的，多为从红到黄的过渡色。而如果要得到满红，则翡翠原石的长宽至少应大于手镯外直径5厘米以上，且无绺裂，并且红色部分的厚度要大于手镯的厚度，因此全红的翡翠手镯十分难得。所以，不论是1/3的红色还是2/3的红色，只要红色鲜艳且种较透，价值也会很高。而红色与紫色相间或红色与绿色、白色相间的巧色，也十分特别。市面所见的全红手镯多为烤色、染色而成，应当警惕。

【选择佩戴合适的手镯】

(1)确定手镯的尺寸

手镯的尺寸，是指手镯内外圆直径的大小，一般是以中国的“寸”为单位来表示，如1寸3分、1寸5分等，现在也多以毫米为单位。台湾手镯的尺寸单位为台湾寸，如16寸、17寸等。

正确测试圈口（尺寸）大小的方法是：如果能将手镯戴入四个长手指（大拇指除外）并至虎口处，感觉稍紧一些，这个尺寸就是正合适的尺寸。然后将玉镯取下，用手镯纸卡将内径测量一下。如果喜欢宽松一点的，在选择时可将圈口加大1～2毫米；喜欢戴紧一些或戴上一般不取下来的，可将测量尺寸减少1～2毫米。尺寸大小最好亲自试戴测量，除非远购等特殊因素，一般不宜以绳子围腕的办法代人选购。

(2)佩戴手镯应注意下列两点

①佩戴姿势：在桌面铺上柔软物品(如绒布、毛毯之类)，以免在佩戴过程中手镯滑落受损。将肘部关节放在桌面上，手指和手腕向上，使肌肉放松再佩戴。

②佩戴方法：在手指和手背涂上一些护手霜、洗洁精或肥皂水，增加润滑效果，并请人帮忙，用点力将手镯戴进手腕即可。同样，卸下手镯时，也应注意采取这种措施。

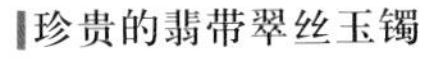

珍贵的翡带翠丝玉镯

翡翠吊坠的选购

翡翠吊坠的造型多种多样，就外形而言，有圆形、方形、长方形、椭圆形、三角形、四方形、六边形、八角形、V字形、十字形等等。女士将吊坠作为装饰品佩戴，男士则多为避邪、挡灾、镇惊和带来好运的目的佩戴。

翡翠吊坠基本上可分为素身吊坠、雕花吊坠和组合式吊坠，分别介绍如下。

【素身翡翠吊坠】

“素身”指吊坠表面没有雕刻任何花纹图案。这一类吊坠的造型相对比较简单，按形状可分为下列几种主要类型。

(1)**圆形**：整个外形轮廓呈圆形，从横切面看可以有扁平、双凸和有棱角形，从中央所具圆孔大小可分为怀古型、玉扣型和玉环型。怀古型中央孔小，玉扣型孔直径中等，又称“平安扣”，玉环型则中央孔大。同样直径和质地的，怀古型因用料较多而更贵。此外，还有周围镶金而不开孔的怀表型，其中央部位常配有钻石。圆形吊坠寓意“团团圆圆，圆满幸福”，人们认为可带来好的运气。台湾人偏爱这种造型，

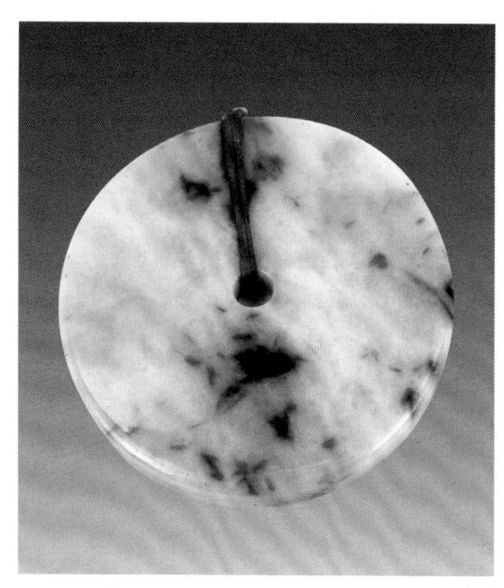

润瓷底飘翠怀古吊坠

认为它显得很有气魄。

(2)**杏仁状形（心形）**：外形轮廓呈杏仁状(心形)。杏仁状形吊坠对原料要求较高，必须是一块完整无裂无瑕的原料，要有一定厚度，颜色较均匀。杏仁状形对做工的要求也较高，太窄或太宽看上去不美，且左右务必对称，否则就像一颗“偏心”了。心形吊坠制成双凸形更美观，但市场上多见的一般太薄、过于扁平。心形吊坠寓意“好心相连，心心相印”，夫妇喜欢同时买一对以示“爱结同心”。

(3)**长形和方形**：沿一个方向伸长的长形吊坠，在市场上相对少见，主要有两种：一种是“翎管”，为中间挖空的管状物；另一种是实心的柱状物，横切面呈圆形或方形。方形的吊坠有时连接着一个挂梁，显得更为庄重。长形、方形吊坠所用的玉料更强调不能有裂纹，长形吊坠一般直径不大，如有裂纹则稍经碰击便会折断。

【人物类吊坠和雕花吊坠】

翡翠吊坠经过雕琢可以呈现很多种造型，且往往包含一些吉祥的寓意。按照雕琢题材的不同，可以分为人物类和花件类。

(1)**人物类吊坠**

人物类佩饰多以传说中的各种神像为题材，如观世音、弥勒佛、寿星等。挑选人物类饰品时，应先看脸，再看神，三看整体形态、高宽比例，综合看雕琢工艺。

①人物脸部的颜色质地要均一，否则就会是大花脸或阴阳脸，如果脸部有杂质或裂纹，则影响更大。挑选人物时应尽量回避脸部有缺陷的物件。

②人物的神态要符合自然，比如佛公要有笑容。人物神态是雕琢工艺精美与

佛公吊饰

否的反映，也是人们购买人物类饰品最关注的因素。如观世音历来被认为是大慈大悲的救世主，所以人们普遍接受的只能是它慈祥的面容。

③人物类佩饰的正面不能有大的绺裂。一般如果饰品背面有绺裂等毛病，都会被勾勒花草、文字来掩盖，这一点在购买高档货品时绝不能忽略。

④人物图案的造型应完美，形状、大小等之间的比例要符合要求。如果为了因材施艺或保留原料上的颜色而破坏整体造型，则不可取。

观音吊饰

⑤货品的厚薄和人物的饱满程度也应注意。厚薄应根据原料的颜色和水头设计，颜色较深或水头较差时雕琢得较薄，反之则较厚。有些货品为充分利用原料而忽视了厚薄，使人物不够饱满，这样的“工就料”也是不受欢迎的。

⑥最后，还要看人物的长宽比例。观音一般为3：2，佛公一般为1：1，其他人物类佩饰的比例也应符合自然美观的视觉效果。

观音吊饰

红翡观音吊饰
李大恒提供。

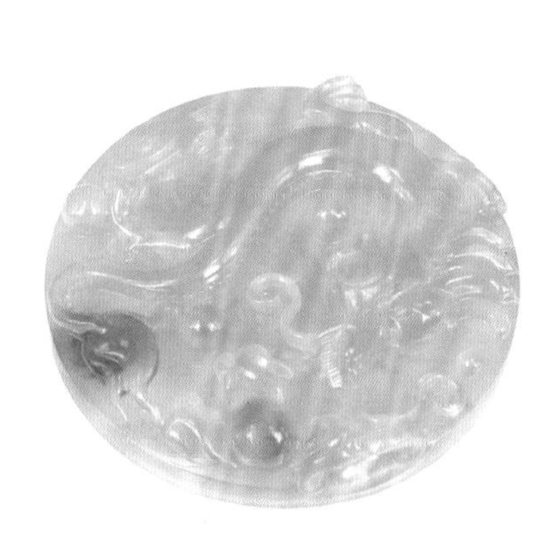

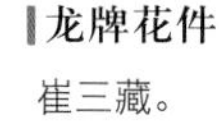

龙牌花件

崔三藏。

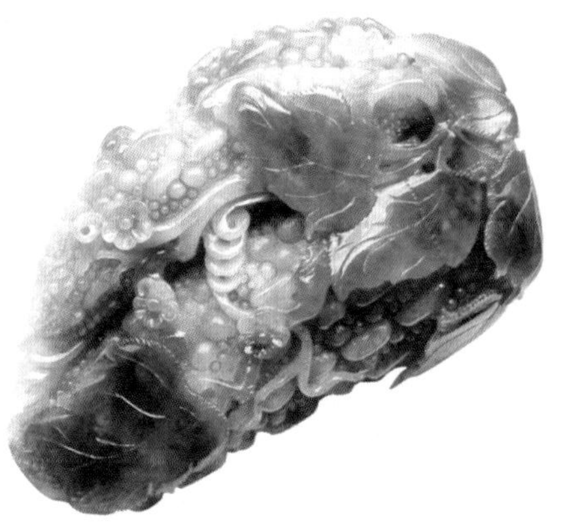

冰底花青翡翠硕果花件

（2）花件类

业内往往把人物类之外的翡翠首饰称为“花件”，而雕花的翡翠吊坠也简称“花件”，其形状多样，名目繁多，既有传统式的，又有现代型的。对这一类吊坠的评价，既要考虑其玉质的价值，也要考虑它在艺术方面的价值。

雕琢成花件的原料必定存在裂纹、杂质等缺陷，而经过上佳的雕工，可以因材施技，巧用颜色，扬长避短，使本来有瑕疵的翡翠成为完美的艺术品。

挑选花件类吊坠的过程中，主要看其挖脏避绺的效果如何，外观上不能有明显的缺陷。在此基础上，再看形状和寓意是否符合要求，形状要正或具有独特的美感，符合佩戴的要求。市场上常见一些花件奇形怪状，有可能是厂家用边角料做成的，最好不要贪便宜购买这种不成型的货品。花件的题材要鲜明，

如意花件

长形雕花螭龙吊坠

图案的构成要简洁，表达的寓意要吉祥，一目了然。

(3)组合式翡翠吊坠

组合式翡翠吊坠是由不同翡翠“零件”组合而成，目前市场上常见的有下列两种。

①**十字架形：**这种吊坠特别受到基督教徒或天主教徒们的青睐，很多年轻人也喜欢佩戴。可分为两种：一种是用素身(光身)的两根翡翠柱正交镶合而成，另一种是用多粒素身的翡翠(圆形或椭圆形)排列成型再经镶合而成。

②**怀古组合形：**有的用多个怀古形翡翠组合，再用白金或黄金镶合；有的则用一个较大怀古形翡翠，周围用白金做成花瓣状组合而成。翡翠中心部位常镶配钻石。

总的来说，选购翡翠吊坠既要根据个人条件和喜好来决定，也要从下列几个方面综合考虑。

选购翡翠吊坠的几个方面

颜色	深＋	中－	浅－
种质	鲜艳＋	暗淡－	
	透明度＋	透明度中－	透明度差－
尺寸大小和厚薄	据性别、身体、体形等条件选取		
有无裂纹	无裂纹＋		
	有裂纹	裂纹较浅－	裂纹较深－
造像雕工	外形轮廓	对称均匀＋	歪斜不匀称－
	颜色分布	均匀＋	不匀称－
	抛光	好＋	差－
注：“＋”表示好，“－”表示差			

翡翠戒面、链饰的选购

【翡翠戒面的选购】

素身翡翠戒面

戒面是光身翡翠首饰的一种，对质量要求很高，价格也最难把握。戒面的形状很多，常见有马鞍形、椭圆形（蛋形）、梨形、马眼形、方形、心形、橄榄形等。戒面一般琢磨成素面型，少数雕刻有花纹。挑选翡翠戒面，主要看其颜色、水头、大小、造型、绺裂、真假等方面的特征。

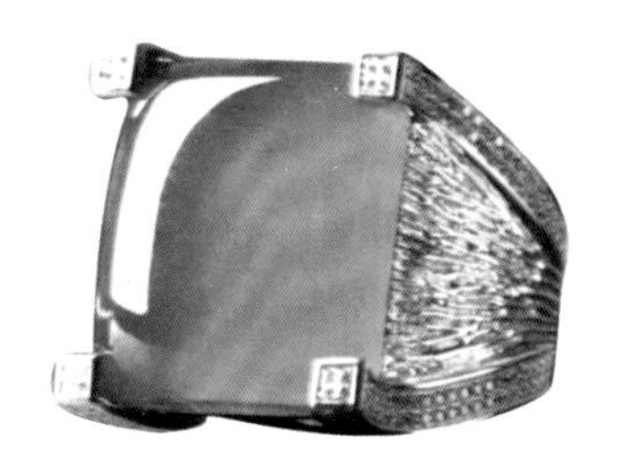

方面翡翠戒指

从颜色、水头上来看，首先，要看颜色的浓淡、正邪与均匀度以及色与水的配合。颜色要均匀、饱和度

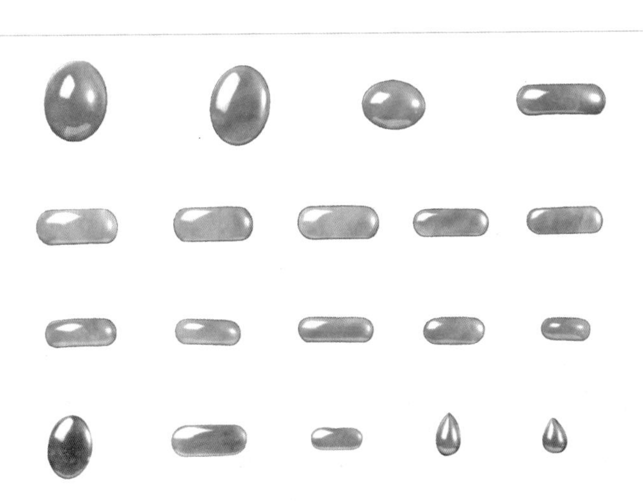

各种翡翠戒面

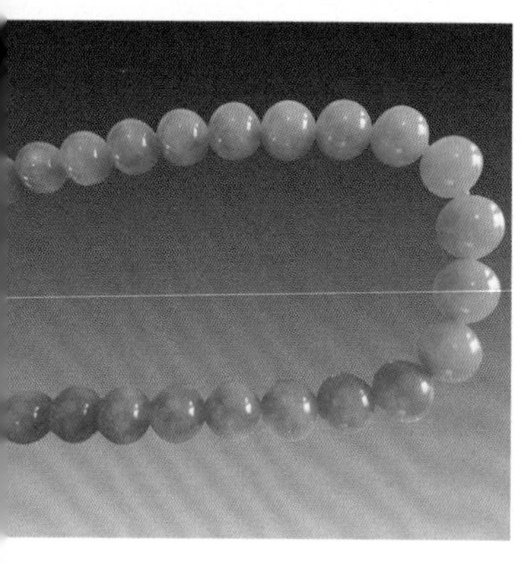

糯化翠色玉珠链

高，最好是正阳绿，要水头好。“小件求色，大件求水”，这是翡翠饰品评价的关键内容。其次，一定要注意环境（灯光、底衬等）对戒面外观的影响。有些戒面粗看颜色均匀、艳丽，但实际上是灯光或衬底造成的视觉假象。察看翡翠戒面的颜色和水头时，要将其置于白纸上，在自然光下从不同的方向进行观察，否则容易掉入陷阱。

从形状上来看，戒面的长、宽比例要协调，有一定厚度。如椭圆形的蛋面厚度应为宽度的1/2左右，这样才显饱满，而过于扁平的戒面也不受欢迎。有些戒面被加工得十分怪异，形状明显不对称，多是为挖掉石花或遮掩裂纹有意为之。

首饰用的戒面和玉佩，多用优质翡翠制作，价格不菲。在购买时一定要识别A货、优化B货、B+C货、C货以及马来西亚玉等的区别。

【翡翠颈饰的选购】

(1)翡翠玉链

玉链可能源于朝珠，是翡翠首饰的一个重要品种，其类型有三种。

①光身单行翡翠珠链：直径大小相等，多为8～12毫米，最大可达17毫米，一般数目为98粒、103粒、108粒不等。

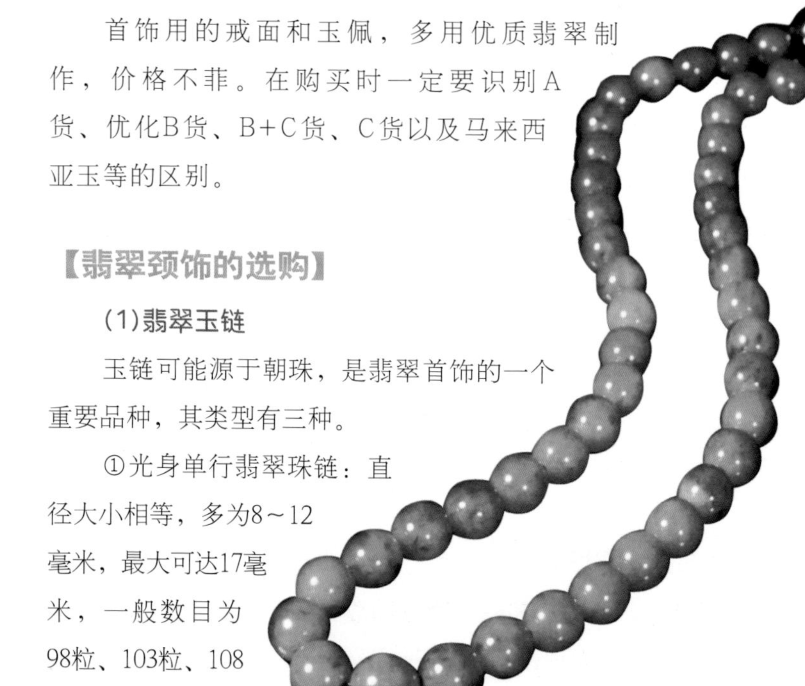

豆种素身珠链

镶钻翡翠项链

②光身双行至多行珠链：排成双行甚至三行佩戴，很有气魄。有时会在珠子间点缀金、钻石、珍珠等，或配有其他宝石。

③雕花翡翠珠链：翡翠珠子上面雕有金钱、龙、凤、寿等花纹，也称“绣球”，一般直径达20毫米，长度较短，身高颈长的女士佩戴相当好看。绣球珠链费工费时，现已很少有人制作了。拍卖行拍卖的翡翠雕花珠链，多为清朝物件。

珠链的评价，要看色、种质、工、裂纹瑕疵、抛光度、圆度以及颗粒的均等度，一般直径越大价格越高。

(2)其他链型颈饰

将翡翠衬托钻石镶在金属上，也是常见的翡翠颈饰，一般平贴颈部佩戴。有一种龙凤玉片项饰，用满绿翡翠片制造，雕龙凤或双龙戏珠，配搭金饰钻石，栩栩如生、雍容华贵。

【翡翠手链的选购】

翡翠手链是在手镯的基础上改制而成，可以说是活动的手镯，既有手镯的气派，又有项链的灵气。翡翠手链可分为圆珠串联式和金镶嵌式两大类。

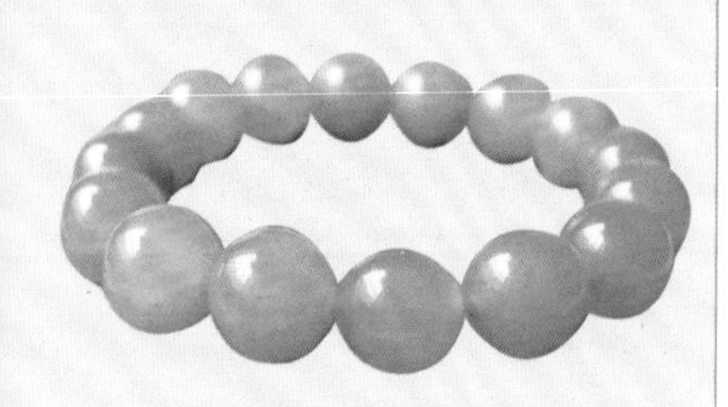

黄翡珠手链

翡翠手链

（1）翡翠珠手链

翡翠珠链是将翡翠琢磨成球形珠子，再打孔串链，有时还间有其他宝石。评价其优劣与价位，除了看玉质、颜色外，还要考虑珠粒大小和颜色均匀度以及有无裂纹。一般一粒珠子至少可做两粒戒面，故上等手链的价格可按戒面价值估算。

（2）金镶翡翠手链

金镶翡翠手链是一种软的可弯曲的手镯，佩戴贴手，不易因撞击而损坏。这种翡翠手链的款式多种多样，依据所镶翡翠粒的多少可分为两类。

①**单个翡翠：**仅镶一粒翡翠，既可以打磨成圆形怀古式（称金镶珠翠），也可琢磨成长方形薄片，镶在K金托上。②**多粒翡翠：**用5～6粒翡翠琢成怀古形（铜钱形）或椭圆形、梨形镶在金手链上而成。

选购翡翠手链时，要注意颗粒的颜色、种质、均等度及厚薄，如过于单薄则容易破损。一般来说翡翠手链比手镯便宜，当然，如镶有钻石等，则贵金属宝石的品质等也会影响手链价值。

翡翠胸针、耳环的选购

【翡翠胸针的选购】

以翡翠为中心，依色辅彩，以金铂、钻石陪衬，佩戴在胸前十分高贵，故女士常以佩戴胸针来显示身份。胸针的造型款式按图案可分为两大类：一是花草、飞禽，其中蝴蝶最多，二是几何图形。常见的有以下几种。

(1)**蝴蝶胸针**：多用两片或四片绿色翡翠做翅、钻石做身、碎钻或红宝石做眼。有的可以晃动，戴在胸前随步起舞，婀娜多姿。做蝴蝶胸针的翡翠颜色要绿、片要大。蝴蝶的寓意既有蝶飞绵绵，又有“无敌”挡灾。

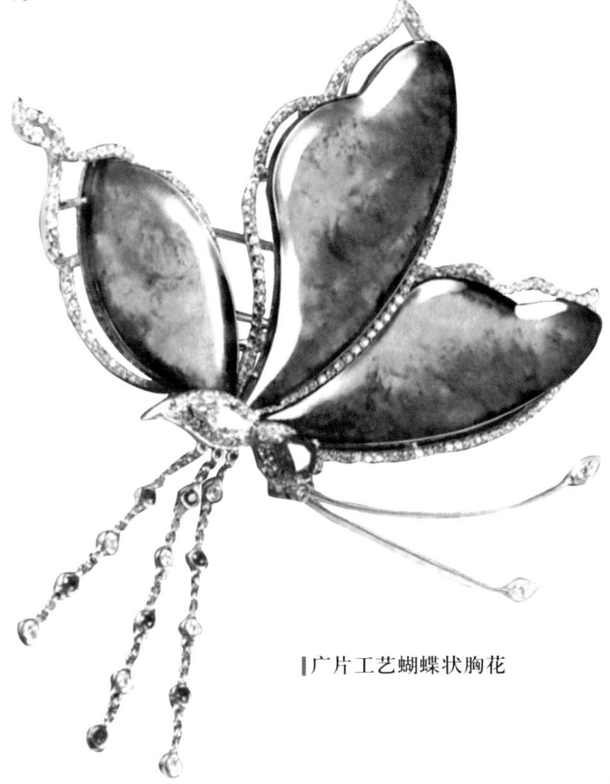

广片工艺蝴蝶状胸花

（2）**蜻蜓胸针：**多以长形翡翠一节节做成身躯，以钻石和金制翅膀，也有相反做法的，但比较少见。蜻蜓胸针与少女或白领少妇最相称，有亭亭玉立的意思。

（3）**蜜蜂胸针：**一般用翡翠做身躯，以金铂和钻石制作翅膀，寓意甜甜蜜蜜，也有勤奋向上的含义。

（4）**螃蟹胸针：**以翡翠做身躯，以金铂做长足，取“蟹”、“谐”同音，寓意同谐白首。

（5）**发簪胸针：**有的翡翠发簪原料很好并雕有花纹，可配上钻石做横向胸针，古为今用，有别样风情，十分雅致。

螺旋状如意胸饰

（6）**表杆（担）胸针：**旧时用圆柱状或半圆柱状翡翠挂怀表，称表担。现在人们用表担翡翠做胸针，可用一只或两只表担和翡翠圆珠配合，独具心思，古朴而新颖。

葫芦状胸饰

（7）**花草主题胸针：**亦称“鸡尾针”，多用小粒光身翡翠和碎钻镶制成花草，如牡丹、葵花等。有的似一束花，有的似垂吊的果实，形态变化万千，多数线条呈流线型。

（8）**盘长胸针：**将大块盘长翡翠镶上钻石，用钻石做树枝与树叶，把盘长垂吊在下面，翡翠大牌子挂在胸前，也十分特别。

(9)翡翠配珊瑚、钻石花朵胸针：以红珊瑚做花瓣、黄钻石做花蕊、绿翡翠做绿叶，呈现出勃勃生机，在胸针中最贵重。

选购翡翠胸针，主要看颜色的浓度和鲜阳度，种质不太重要，因为胸针的翡翠大多较薄。其次，相同质量的翡翠，鸡尾针要比用大块翡翠单独做成的价格便宜，但从美观度看，由许多小粒翡翠用钻石镶制的胸针反而更多姿多彩。选购翡翠胸针应与自己的身份、体形相符，灵活选择，不一定以大为上。

蝴蝶状胸饰

【翡翠耳环的选购】

翡翠耳环不仅体现了高贵典雅，还具有修饰脸形的视觉效果，所以耳环种类的选择需要仔细考虑。按加工情况，翡翠耳环分素身和雕花两种，市面上素身的较多。按形制来说，可分为贴耳式、垂耳式、环式等。

(1)贴耳式耳环：紧贴耳朵佩戴，又名“耳钉”、“耳插”，一般用黄金镶嵌翡翠，金属穿过耳孔，上面固定玉石。这类耳环所镶翡翠体积不大，款式多样，以怀古式和简单式多见。怀古式耳钉呈圆形，中有小孔，有时镶钻，颜色通常较深，古色古香。简单式则有素身弧面圆形、椭圆形、鸡心形、马眼形、水滴形、花形等。贴耳式配合金属和钻石镶嵌的为多，组合的款式千变万化。

紫气东来

南阳国际玉雕节获奖作品，图片提供：王景伟、李政达。

(2)**垂耳式耳环**：由翡翠耳环、端挂和短链组成，一般夹耳佩戴，头部摆动时就在耳下晃荡，故又名“荡环”耳坠。短链均用金属制成，主要是黄金和白金。翡翠造型多为圆形、方形、菱形、吊胆形(水滴形)、圆柱形等。选购时要注意，短链与镶边金属的颜色应一致。

(3) **环形耳环**：①单环型。在大环中切小口，插在耳孔中佩戴，此类用高档玉料制作的很少，也可以用小环加一条金链相连。②二环或三环型。由两个或三个圆型环相套做成，寓意连中三环。加工工艺特别，两三个圆环要用同块玉料磨成，各环之间可自由转动，所以用料多、难度大，颜色鲜艳、种质通透的十分罕见。③树叶形。其形为翡翠雕成叶片状，金属链相连，叶是秋叶形，寓意春华秋实。

18k金镶嵌缅甸翡翠老种阳绿路路通耳环

耳环直观性强，佩戴在脸的两侧，十分显眼，所以一定要和佩戴者相衬。而脸型是选戴耳环时应着重考虑的因素。四类基本脸型选择耳环时，宜注意以下事项。

(1)**尖形脸**：上宽下窄，下巴较尖，应选择加强下部宽度感的造型，填补脸颊两侧的空间，如三角形（尖角向上）、圆形、吊钟形、扇形等。如选择窄长的则会显得脸型更长更尖。

一对水滴形耳饰

如与瓜子脸搭配将相得益彰。

(2)**圆形脸**：不宜选择宽大或有横向扩张感的耳环，如大而圆的耳环或贴耳式耳环；宜选择直线条耳饰或较长形的垂耳式耳环，形成上下伸展的视觉效果。如选择圆形耳坠、圆圈耳饰会使面孔显得更圆。

(3)**方形脸**：额头与下巴棱角比较明显，不宜佩戴过宽耳坠，尤其是规整方形或边框角突出的几何形耳环。应选择贴耳式椭圆形、花形、不规则几何形、心形等。心形耳环上大下尖，可减弱佩戴者下巴的宽大感。

(4)**椭圆形脸**：传统的标准脸型，比较完美，各样耳环都能佩戴。如果脸形稍长的话，可以考虑圆形、圈形。

除了脸型之外，选择耳环时还要考虑发型、颈长、五官等，以及其他修饰物的整体协调。比如，耳朵外露时则耳钉、荡环均适宜；梳掩耳式发型，宜选择吊链较长的荡环；长颈宜戴长坠式的耳环；颈偏短则适合贴耳式；耳朵偏大可选择大一点的耳环；面孔较大宜戴大而厚实的耳环；五官小巧则以小巧玲珑的耳饰为宜；戴眼镜则以精致的贴耳款式为宜。

选购翡翠耳环，除了要从物件的颜色、种质、大小、厚薄、有无裂纹、造型雕工等方面观察，还要特别注意以下两点：一是要配对成双，虽不能苛求两件耳环完全相同，但其颜色应大体相似，加工形状、大小要相同；二是可以选择合适的耳环修饰容貌，比如，如果耳环颜色比眼球颜色深一点，可以把眼睛映衬得清澈明亮，如果皮肤较黑，可以用深冷色系耳环或大的贴耳款式修饰，如果肤色较浅，适合红黄色、粉紫罗兰色的耳环，而绿色和黄色则适合大多数肤色。巧妙合理地佩戴翡翠耳环，可以塑造出新的形象，增添女性魅力。

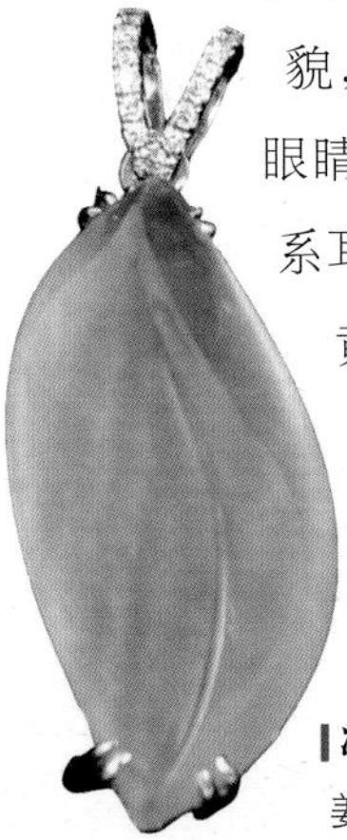

冰种扭形耳饰

姜长文藏。

收藏投资翡翠的理由

翡翠号称"玉石之皇"，是美的结晶，自然的骄子。数百年来，它不仅以其晶莹美丽赢得了世人喜爱，更以巨大的潜藏价值吸引了无数投资者的目光。收藏投资翡翠的理由可以归纳为以下几点。

【宝石是最好的投资选择】

在各种投资类型中，储蓄、股票等是中国人最常采用和熟悉的，字画、古玩、房地产、外币等也是许多人喜欢投资的。但与玉的投资与收藏相比，这些项目不是收益相对低，就是风险较大。储蓄虽没有风险，但回报率很低，在通货膨胀的年代里甚至是负效益。股票、基金等投资虽然快速简便，有时候能给投资者带来巨大收益，但其风险人所皆知。房产投资虽然常

翡翠蕙质兰心摆件

图片提供：唐书涛

紫色种椿带彩摆件

连青云作品。

带来可观收益，但投资额巨大，很多投资者难以问津，且交易手续相对烦琐，并受国家宏观调控的影响。字画、古玩投资与珠宝玉石投资特点相似，都具有良好的增值潜力，也有体积小、便携带、便收藏的优点。但字画相对易损难存，陶瓷类藏品不但易受损坏，而且还常见批量高仿复制，降低投资回报率。在各类投资收藏中，玉和珠宝最具优势，因为耐久是它们的基本属性。

【高档玉石的价格涨幅惊人】

高档玉石具有十分强劲的增值潜力。首先，珠宝是不可再生资源，将随采掘而减少甚至枯竭。而已知优质的翡翠只来自缅甸一个产地，可以想象，经过几十、几百年的采掘后，其资源量还能维持多久?其次，资源供应量虽日见紧张，人们的需求却在不断增长。在两方面共同作用下，资源量本已十分有限的翡翠，其未来供需缺口必然更加显著。据统计分析，19世纪50年代以来，翡翠和白玉的价值涨幅令人咋舌，而从20世纪80年代初到现在，翡翠的价格几乎涨了100倍。100倍是一个平均估计，一些高档翡翠则有的远超百倍。更有统计显示，翡翠价值近几年是以每年30%～50%，甚至100%～200%的幅度在上涨。这组数据显示，翡翠投资多么具有前景。

【翡翠资源升值的刚性原因】

除了上述理由之外，翡翠还有供不应求的刚性原因。

(1)产地单一，开采困难，矿源面临枯竭

翡翠的形成需要极高的压力和较低的温度，全球范围内能满足要求的地质环境只有缅北极小的区域。所以优质翡翠稀少，具有产地唯一性，不像钻石等贵重矿石产地多处、成矿丰富。此外，1996年以后，翡翠开采中有了大规模破坏性发掘，近几年使用炸药爆破开采。这意味着近十年会有一些高档翡翠出现，但矿源也极有可能很快被采掘殆尽。由于对中高档翡翠的需求仍将提升，原料供应严重不足将使价格大幅上涨。因此，天然高档翡翠是珠宝收藏投资者的首选，而未来十年也应是投资收藏翡翠的最后机遇。

(2)材料匮乏，人造无望，高档原料紧缺

目前，世界五大宝石的钻石、红宝石、蓝宝石、祖母绿和金绿宝石都有了相应的合成品。而目前为止，还没有一个国家的科研机构能研究出真正与翡翠相似的合成宝石。而对于收藏者和投资者来说，合成翡翠没有收藏价值，保真才是收藏投资的前提。然而，随着缅甸高档翡翠资源接近枯竭，缅甸政府已经在控制高档翡翠原石的出口。目前国内市场上的高档翡翠，多是早年从缅甸进口的存货，大部分高档翡翠在少数人手中，资源严重短缺。因为高档原料涨价，市场上中、低档翡翠价格也会出现水涨船高的现象，其价格也可能继续大幅攀升。

(3)爱好人群比较，投资趋势分析，翡翠优于白玉

在投资收藏市场上，翡翠和白玉一直都是最受关注的商品之一。但从爱好人群和市场大小来说，翡翠的市场前景和回报空间要

岁岁平安摆件

连青云作品。

大于白玉。白玉开发利用已几千年，在中国玉文化上占有重要地位，但软玉的含蓄内蕴虽表现了中庸之道，在一定地域、阶层内受到欢迎，却在东北、西南等区域和一些民族、人群中不太被喜爱。翡翠则不同，虽然进入中国仅几百年，却因艳丽的色彩和晶莹的光泽，传递着活力希望，体现出生命朝气，因而受到广大区域内几乎所有人的喜爱。近几年我国每年消费翡翠原料5000～7000吨，大体占缅甸翡翠产出原料总量的80%以上。几年来白玉价格上涨的差额较小，而翡翠上涨的差额巨大。由于翡翠的原料、成品交易流通市场主要在广东、云南等地，海外投资的资金要大于白玉，这也帮助活跃了市场，形成了翡翠价格持久成长的空间。

功名富贵链子瓶摆件

收藏投资翡翠的类型

收藏投资翡翠应由简到繁，从小到大，由低到高，先成品后原石。而投资的类型则包括以下三类。

【首饰类】

首饰类翡翠可作为初入门者收藏投资的首选。因其易保藏、易出手、回报率高、没有赌性、风险最小，初具鉴赏常识和经验的人即

一套组合式金镶高翠红宝首饰

一套翡翠玉饰

黄翡糯化种玉镯

可涉猎；又因其价格灵活，投资者可在数千元、数万元、数十万元至上百万元之间，根据自己经济实力自主选择。首饰类包括翡翠戒指、手镯、耳环、项链、胸花、各种挂件与花件。

投资高档翡翠首饰存在巨大的升值空间。1985年在云南德宏州买一对高档翠绿翡翠手镯大约要0.6万～0.8万元，而在1995年香港拍卖会上，同品质的手镯最后成交价达1200万元港币。1997年11月，一条由28粒优质翠绿翡翠串成的珠链，在香港的拍卖价为7262万元港币，而据说这条翠链的原主人数年前购入时仅花数百万元。不过，因投资失误导致血本无归的事例也并不少见。

【雕件类】

雕件类翡翠有单色和多色（俏色、巧色）两大类，因玉料件大、设计巧妙、做工精细、寓意吉祥而广受欢迎。但精美的雕件类翡翠相对投入较大，周转时间也长一些。收藏投资者要有独到的眼光，具备耐心和毅力。

据说20世纪90年代中期，有位吴先生到腾冲旅游，花8000元购得一件红、黄、绿三色翡翠雕件。此玉雕由赵公元帅、南极寿星和弥勒佛组成，象征“财、寿、喜”。后来玉雕被一海外华裔富商相中，以120万美元成交。另一真实的故事是某女士在云南瑞丽旅游观光时，在导游鼓动下，花3000元购得一尊藕粉色带绿色斑点的千手观音立佛。为了证实这尊佛像的价值，她曾多次到潘家园了解市场行情，结果不是无人问津就是对方嫌价太高(开价一万元)。一天当她准备回家时，一位衣着朴实的老太太对此佛像爱不释手，询问可愿转让。女士估量她出不起价钱，就信口说了一句：“10万。”老太

翡翠九尾灵狐摆件

图片提供：王景伟　李政达

太当即让随从人员拿出12万元交给她，并说多赠2万元是佛缘。这个故事说明投资宝玉石不但要慧眼识珠，同时要有耐心抓住突如其来的机缘。

【原石类】

选购翡翠原石又称“赌石”（详见下章），这是一项充满神奇和刺激的商贸交易活动，是收藏投资者具备丰富的知识、经验、人脉、资金、勇气后，才能涉猎的高级投资行为。称为“赌石”，是因为有赌的成分在内。一块貌不惊人的翡翠原石往往要投入数十万元、数百万元才能购得，如果是优质满绿，购买者可能会一夜暴富，如果是一块劣质翡翠，可能眨眼间就变成贫汉。有些人被暴富的光环迷惑，靠东借西贷去“赌石”，其结果胜者极少，败者如群蛾扑灯，蹈火者众，留下无数沉痛的教训。

总之，投资翡翠时要谨慎理性，循序渐进。投资之前一定要博采众议，剑胆琴心，三思而行，绝不能有一下子抱个金娃娃的侥幸非分之想。

紫罗兰翡翠硕果累累摆件

收藏投资翡翠的事项

【收藏投资翡翠的步骤】

收藏投资或开店经营别无捷径，主要靠学习和经验的积累。

投资的第一步是学习。要从书本中学习有关知识，积极参与各种讲座、研习班、珠宝展览会、学术交流会等，多和宝玉石专家、学者、收藏家、业者、消费者接触，培养积累经验，奠定坚实基础。

铂金镶钻龙钟翡翠戒指

投资的第二步是收藏。翡翠等宝玉石的研究与投资，并非一朝一夕可成。最好的方法是先当一位快乐的收藏家。在收藏时一定要记住以下两点：①进货成本不宜过高，最好能到珠宝玉石的批发市场或源头进货；②买精不买多，宁买高价位的精品货，不买低价位的垃圾货。

投资的第三步是市场开发。尽量多去认识一些专家学者、收藏家、业者、消费者等，拓展相关人脉，让你周围的人成为你的朋友甚至供货源头或固定客户。

投资的第四步是诚信经营。珠宝玉石这一行不同的人所处环境和条件不同、所学程度不同、营运方法不同，但最基本的一条是务必要诚信为本。因为宝玉石经营消费群体相对较小，从业人员较少，一旦欺诈被揭穿就会诚信全无，很难立足。

收藏、投资翡翠的步骤很多，但以上四步是最基本的功底，需要各类玩家努力打牢基础。

【购买翡翠的常识、技巧、注意事项】

一般玉器交易，既无明码标价，又无统一价格。多数玉商对内行人客气，对外行人则漫天要价。从事玉器交易，必须掌握一些基本技巧。

(1)不要轻信售玉人的花言巧语。有些玉商为了掩饰基础知识匮乏，往往摆出一副内行架势，占领心理优势，再以“不挣钱”为诱饵。顾客要有自信心，不要被唬住。

三色俏雕情投意合摆件

2010年玉星奖作品。

(2)不要购买没有经过鉴定的翡翠。在检测机构受理的被骗案例中，90%以上没有相应鉴定材料。购买翡翠时要看是否经过法定检测机构鉴定，是否出具了鉴定证书或小牌。或者可在购买前与卖家协商，先将翡翠饰品送去做鉴定再做交易。此外，要尽量到正规商家处买货，加大保险系数。

(3)购买翡翠时向老板索要正规发票。如无发票，可索要售玉人收款的收据，注意请其加盖印章或老板签名。这样如有争议，可以作为“讨回公道”的有利证据。

黄翡巧雕 锲而不舍
杨建中提供。

(4)要买的翡翠一定要事先看仔细。看不清楚可拿到店门外的阳光下反复看，或用10倍放大镜仔细看。玉器的一些毛病（如残缺、修复、黏合、绺裂等）在店内的白炽灯、日光灯下不一定能看清楚。粗心大意，交了钱才发现吃大亏，那就后悔莫及。

(5)尽量少在旅游景点或流动摊点上购买翡翠，一是容易买假货，二是要多花不少冤枉钱。一些旅游商店和旅行社的导游甚至联手，事先掌握来团的籍贯，商店老板冒充同乡忽悠游客，使人沉醉于乡情而不知不觉上当。

(6)看中某件商品不要急于买下，要沉得住气。可以随意先问其他货品的价位，然后突然顺口问到相中货的货价，玉商仓促间可能报出较实价位。看到好东西要稳住情绪，一定不能当面说喜欢，应反复查看，装作找毛病，甚至要挑出毛病把它贬低一通，否则价钱难以压下去。

(7)学会讨价还价，设法把价钱压到最低。有人戏称要“对半带拐弯”还价，如卖家报1000元，还到400～500元成交比较理想。但有些地方玉商喊价可以高出成交价五倍、十倍甚至更高。还价必须事先了解行情。同时，不要不懂装懂，乱吹一气，也不要盲目问些幼稚的话，这样商家一听即知道是外行。也不要趾高气扬地到玉器地摊、市场捡漏。狡猾的玉商最欢迎这种人，常常顺其口风溜须拍马，使收藏者高价买了假货劣品还自以为是。

(8)不要一味将书本上或文物店的玉器图形与自己在市场上所见到的对号入座，以免将仿品当真品。更不要片面理解拍卖图录，图录上的标价有伸缩性，玉器美观程度与实物也有差异，按图索骥到市场找玉器，对照标价掏钱，其结果可想而知。

(9)不要认贱不认贵。在玉器收藏中精品才最具收藏价值和升值潜力。

(10)不要盲目相信玉品上的款识和铭文。在玉器、古玩、字画上落假款乃是最常见的作伪伎俩。也不要错以为农民家藏旧玉绝对可靠，有些貌似忠厚的农民实则以贩假为生。

以上这些，可以给收藏、投资翡翠者提供借鉴，吸取他人的教训，少走或不走弯路。

冰种红翡镂空开心守业雕件

赌石解密

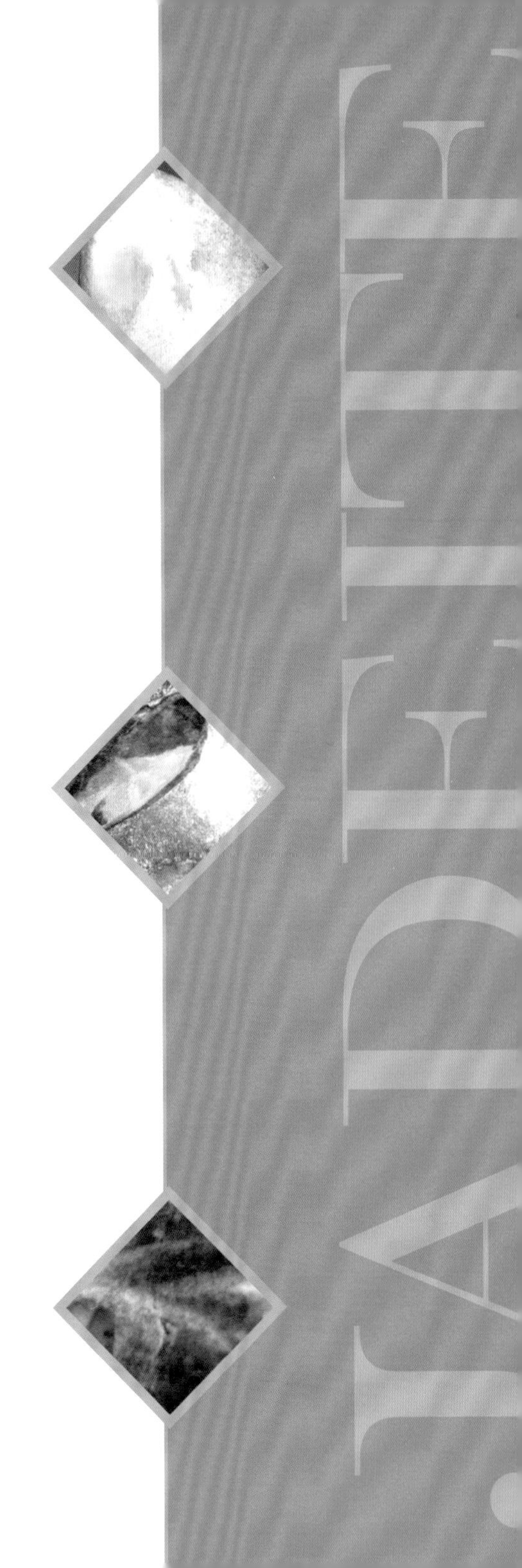

何谓翡翠赌石

所谓赌石，就是用璞玉来赌博，赌石技巧亦称“相玉”。赌石古已有之，最早赌的是和田玉，现在多是缅甸翡翠原石，赌矿石中有没有高档翡翠。

翡翠原石子料表面常有一层风化皮壳，人们看不到内部情况，只能根据皮壳特征和局部开口表象来推断。行内既把判断翡翠的过程称作“赌石”，也把所赌的翡翠原石称为“赌石”。

翡翠砾石皮下有没有玉——即使在科技发达的今天，也没有一种仪器能穿透皮壳回答这一问题。因此，赌石的人，各自依据皮壳进行猜测，当有两个以上的人提出不同看法时，便产生了赌石，人们靠打赌来判断它的好与坏。

翡翠毛石

既然是赌，谁也没有必胜的把握，因而颇具风险。然而，赌石的神秘感和赌赢的乐趣，还使众多的人被赌石业吸引。20世纪初，曾有一批赌石赢家发迹成名。如毛应德因赌得“毛家大玉”而富甲一方，为炫耀富贵，家人在其死后竟用上千对高翠手镯扎成棺材罩作为陪葬。尽管因赌石而倾家荡产的例子也并不少，俗话说“十赌九输”，但随着翡翠资源的枯竭和翡翠价值的走高，赌石这种古老的交易方式就显得更加激动人心了。

各色赌石

赌石的基本常识

【赌石的前提准备】

前人关于赌石的学问有颇多记述，其中最关键的三个要点是：

(1)了解场口

翡翠原石按产出环境分为山料和子料。山料未受风化破碎，与原岩长在一体，无包皮，内外相同；子料经受风化破裂、雨水或河流冲刷，外壳包皮，外壳特征与产地地质土壤、植被及水质有密切关系。翡翠场口众多，每个场口都可能产出高翠，但是极品好货以子料为多。

(2)学习审观表皮

赌石被表皮包裹着，观皮及里的学问十分重要。为了类比评估，专家们对表皮做了分类。有的按颜色分为黄盐沙皮、黄梨皮、黑乌沙皮、白盐沙皮、大象皮、笋叶皮、铁沙皮等，有的按粒度也分为粗皮、沙皮和细皮三类。没有规律的杂皮货则更要谨慎区分。

(3)学习察看雾、蟒、癣、癞、松花、颧、枯、秧、绺裂等特征

“雾”是在皮壳最底部向石体内过渡的薄层，是判断翠色的依

新坑山料

翡翠中的癣

据之一；“蟒”是皮壳上形成条带状、粒度和颜色均与其他皮壳不同的部分，是翠色分布的征兆；“癣”是表皮存在的黑灰色“痣”，与色有着复杂的关系；“癞”是一种小黑点，大多生长在绿色中心部位；“松花”是石皮隐约可见的颜色；“蔴”是一种没有表露出来的松花，在皮壳上似一种纹路；“枯”似一种燃烧过的木柴，不与绿色混杂，也不同癣和癞共存；“秧”是翡翠皮壳上短丝状的小白细条，是底的外在反映。这些都是石皮的局部变化特征，反映着赌石内部的质量。此外，绺裂也必须仔细察看，其中大绺、恶绺和夹皮绺等是玉料成色好性欠佳的征兆。

【赌石的内容】

赌石的内容可分为赌种、赌雾、赌底、赌裂、赌软硬、赌颜色等。而赌石的核心是赌色，再好的底没有绿色不算赢。

一组老种满绿色料

(1)赌种

赌种主要是赌场口，各个场口的石头都不一样，赌错了就是输。此外，如果把嫩种当老种赌、把新种当老种赌、把变种当好种赌、赌没有任何表现的山石和水石，或松花不进、癣吃绿、颟下无色、枯下无色等，都是赌输。

(2)赌雾

赌雾主要赌白雾和黄雾，雾赌错了就是输。雾要薄且透，如果有雾而水短，或雾粗、雾黑、雾红等，也是输。

(3)赌色

赌色是赌正色绿，绿要多，要翠，要活。没有色，或色少、色淡、色稀、色邪、色干、色杂、色黑等，都是输。

(4)赌底

没有底，或底粗、底干、底脏、底黑、底软、底乱等，都是赌输。

(5)赌裂

无论是大裂、小裂还是碎裂，有裂就是输。

【赌石的形态】

赌石有全赌、半赌、明赌三种手段：全赌是全部皮蒙着，只看到表皮；半赌则露出一点点；明赌是全部剥开赌。打开石头，行里称为“解石”或“切石”。切割后出现了好的绿色，称为“涨”，反之便是“垮”。常见的解石方法有三种，因而呈现了赌石的三种形态。

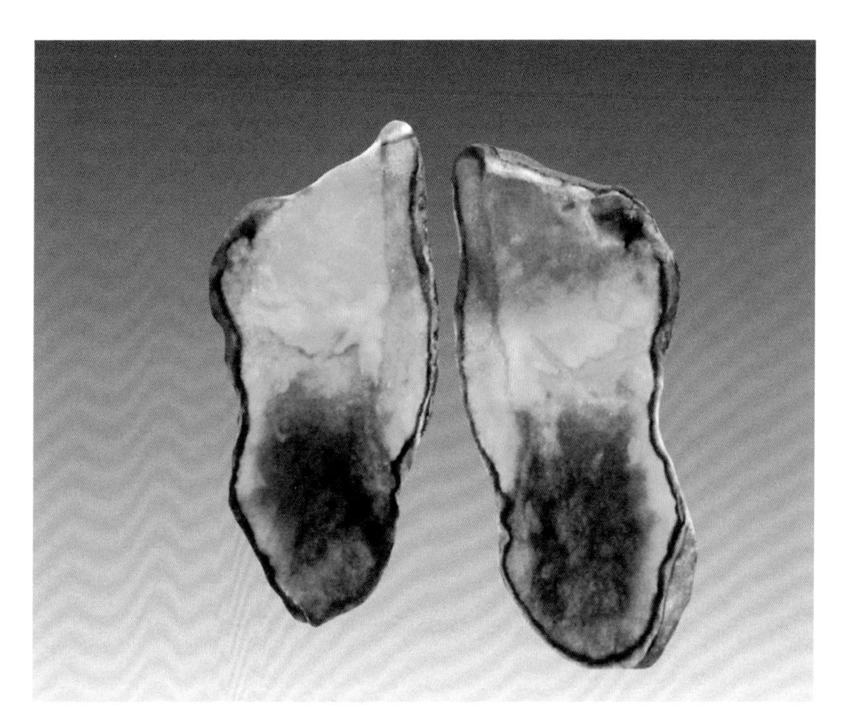

半赌

(1)擦石

擦石是用手工或在琢玉机上擦拭原石皮壳。如果部位没有找准而下刀切割，会把绿色“解跑”，容易赌输，所以擦石方法较安全。擦石的顺序是：一擦蔥，二擦枯，三擦癣，四擦松花，目的是找到绿颜色。有了擦口就可以打光往里看，判断绿色的深度、宽度，浓淡度。只要有绿色，就可以继续擦宽，若把整块皮壳都擦掉，裸露出来的全是绿色最好。擦时不见颜色，可立即终止，进行细心分析。

擦过开口的赌石

(2)切石

俗话说：“擦涨不算涨，切涨才是涨。”切石是赌石最关键的步骤，输或赢的结论，是把石头剖开之后才能认定。切石风险大，涨与垮常在丝毫间。原始的切割方法是用弓锯压沙，缓慢把石头锯开，发现不能继续切割时，可“悬崖勒马”。如果用玉石切割机，切割虽准确迅捷，但夹具夹着石头泡在油里或是水里，不容易查看，直到完全剖开，才知输赢。下刀切石部位要准，可从擦口处下刀，从蔥上下刀，或从松花下刀，也可以顺裂纹下刀。切第一刀不见有颜色，可以切第二刀、第三刀，直到见色为止。俗话说：“一刀穷，一刀富。”切割完毕，只要能有一些色就不算完全输。

(3)磨石

磨石是为了抛光，把透明度表现出来，使人看到色好或水好。也可用水或油润泽，同样起到抛光的作用。磨石有两种赌法：一是暗赌（蒙头赌），石头一点都没有擦切的痕迹，也没有自然的断口；二是半明半赌，就是在石头上有敲口，有擦口，或是有小缺口，已经能够看到颜色或底水，但还有大部分仍然是未知数，有较大的可赌性。

赌石的作假与防伪

赌石常见的作假手法有以下八种。

【移花接木】

这是在质地差的玉石切口处移植质地优良、色彩鲜美的翡翠薄片来掩盖。鉴定时，对比一下开口下部的砂粒与母体上的砂粒。若整体的砂粒与切口下部的砂粒不同，那就要注意。同时要检查四边黏合痕迹、缝隙形态，如假皮壳为化学物质粘接，在高温下会熔化开裂。

【造假皮壳】

将次料、废石、假货粘上优质皮壳，放在酸、碱浸过的土中埋上一段时间，使之变为相似的“真皮”，或将山料打磨伪装成子料。鉴定时要清洗干净，检查皮壳每个点面，不放过细小孔、缝、洞，并对比颜色、粒度变化。

将白底青山料外表打磨成水料

露出满色料的样子迷惑人，内地玉市出售的赌石，多为此物。

【死里逃生】

一件外观好的赌石解开后不理想，有人会再把它接合起来，恢复原来面貌。接口处的砂一般都比其他地方紧细。鉴定时，若看到近细砂粒处是一直线，就要留意。但当遇到铁锈皮壳时，一般都难鉴别。

【仙女散花】

是指在一块种好但无松花的原石上，撒上胶水，再将磨好的翡翠粉抹撒在表面，修补后埋入土中数十日挖出，假松花即可掩人眼目。

【开窗探月】

在对原石内部状态不明的情况下，为探明内部情况，先开一小孔，若不理想，再将小孔掩盖，像这种手法，一般很难鉴别。

开个小窗诱人上当

【选佩心子】

将高档翡翠挖心取出一部分，做玉佩或戒面料，留下靠皮部分高翠注入铅等物质，再密封好切口表示质量完好。鉴定时要注意测量重量，过重或过轻都可能是假心货。对外皮的可疑点可用锥子、刀子划试有无软性物，细心寻找粘贴迹象。

有人造皮和接口的假赌石

【鱼目混珠】

在原石上挖一小槽，放上绿色玻璃或绿色牙刷把，甚至绿色牙膏，再经过细心修整即可鱼目混珠。这类东西里面大多有气泡，色彩一致无变化。对于这种作假玉石，将镶口边上的砂粒与本身砂粒对比即可鉴别真假。

全蒙皮的暗货

【作假颜色】

用炝色、染色等方法使无色淡色料变成鲜艳翠绿色，还有涂漆、涂蜡、涂泥等方法。鉴定时可用滤色镜看炝色或红色，用放大镜看色的分布变化。如人工着色或涂抹，在玉石的细小裂纹中颜色会重，但其他部分色淡或无色。将作假原石洗刷并稍加温后再观察变化，即可看出端倪。

赌石基本特征判断

皮壳、松花、蟒、雾等是赌石表面的基本特征，反映着块体不同的品质。

【皮壳】

玉石的外皮称“皮壳”，只有部分水石和劣质玉石没有皮。皮壳的表现反映了其内部的不同质地。看皮壳是判断场口的主要依据。下面介绍常见的16种比较好的玉石皮壳的表现，供断玉时参考。

黄盐沙皮：许多场口都有，好的黄盐沙皮沙粒仿佛立起来，摸上去像荔枝壳；差的沙粒大小不匀称，或皮壳紧而光滑。

白盐沙皮：山石，白沙皮中的上等货，主要产于老场区马那、小场区莫格叠，新场区也有少量，但有皮无雾，种嫩。

黑乌沙皮：山石，表皮乌黑，主要产于老场区、后江场区、小场区，老帕敢、莫罕、后江、南奇的表皮有一层“黑蜡壳”。老帕敢和南奇的黑乌沙容易解涨，是抢手货。

水翻沙皮：山石，表皮有水锈色，少数呈黄色或黄灰色，大多数场区均有。要注意其沙是否翻得匀称。

杨梅沙皮：山石，表面的沙粒像熟透的杨梅，暗红色。有的带槟榔水。主要场口有老场区的香公、琼瓢、大马坎场区的莫格叠、马那。

黄梨皮：山石，皮黄如黄梨皮，微透明，含色率高，多为上等玉石料。

半山半水石：黄白色，皮薄，透明或不透明。大马坎最多，老场区也有。

腊肉皮：水石，皮红如腊肉，光滑而透明，产于乌鲁江沿岸的场口。

老象皮：山石，灰白色。表皮看似粗糙多皱的大象皮，看似无沙，但摸起来糙手。玉光底好，还多有玻璃底。主要产自老帕敢场区。

石灰皮：山石，表皮似有一层石灰，刷去露出白沙，主要产自老场区。

| 黑皮壳赌石

铁锈皮：山石，表皮有铁锈色，主要产自老场区东郭场口。大多底灰，如果是高色，就能胜过底。

得乃卡皮：山石，皮厚，含色率高，容易赌涨，主要产自大马坎场区莫格叠。

脱沙皮：山石，黄色，表皮容易掉沙粒，有的慢慢变白，有的仍是黄色或红黄色，主要产地为东郭和老场区。

田鸡皮：山石，表皮如田鸡皮，皮薄，光滑，多透明，无沙，有蜡壳，易掉，主要产于后江场区。

洋芋皮：半山半水石，皮薄，透明度高，底好，多产于老场区那莫邦。

铁沙皮：山石，底好，外形似田鸡皮，但分外坚硬，数量不多，主要产于老场区。

石头的表现复杂，要掌握和运用这些知识需细心观察，反复熟悉。玉石中尚有大量表现不规则的皮壳，俗称“杂皮壳”，除个别较好外，多数质量较差。此外，还有几种劣质玉石很容易同上述玉石皮壳混淆。

不倒翁：有的出黄沙皮，有的外表很像大马坎、莫格叠石。鉴别的方法是：滤色镜下呈浅红色。熟练者肉眼可看出种嫩，有皮没有雾。

绿壳：生长在土层表面的石头，整个石头全是绿色，颜色好，但水干，没有底，不能取料。数量不多，散布较广，老场新场都有。

未姜：似黑乌沙，20世纪80年代初期，台湾曾有不少人将其当黑乌沙买进，造成重大损失。松花好，色味高。辨认特点是其皮肉不分，没有蜡壳，石头表面不翻沙。

水沫子：水好，但肉里有气泡，形状不一，大小不等，秧比较多，但细小如粉。有皮，硬度不够，用钉子划得动。

拨龙：外表如水石，以黄色为多。主要产自老场区。有色，有皮，有秧，但内部有气泡，同水沫子相似。

【松花】

松花是绿色在皮壳上的表现，是玉石内部的色在表皮上的具体反映，是赌石赌色的最重要依据之一。

首先要认定是否是真松花，因氧化及风化作用形成的绿色薄膜，在光照下近似松花。其次要分清松花的正偏颜色，切莫赌成了偏色。有的翡翠块体没有松花，而变种石上的松花却很诱人。还有的玉石乍看外表无色，但切开又是满色，这多半是由于磨损使松花难以辨认。

带松花的原石及切开后的玉肉

新老种上因种嫩色也嫩，松花可赌性不强，不能与老种并赌。松花要透明、明朗、突凸、活泛，不能死板、暗、平、花、杂乱，不能与癣相连。若是松花过鲜过绿，则是不能赌的爆松花。松花还要配合沙发、场口。沙发不好，底与颜色不会有较好的结合，而场口不正，成功的希望也不大。

就松花的生象或名称而言，至少有20种以上，下面介绍常见的种类。

带子松花：带子一样缠绕在皮壳上，忽粗忽细。如果没有断头，一气呵成，块体内必有一个满绿层的平面，是松花中最可靠的表现。若有断头或跳跃或发展，为“跳带松花”，内部不会有满绿层。

荞面松花：似一层荞麦面粉，淡黄绿色覆盖或包裹着皮壳的一部分。乍看黄绿，着水就呈淡绿，有的还会有一潭潭较硬的绿，内部可能是一团绿色。黄绿要浓艳、明快、阳气。最好置于水中，看透水后色感的浓淡偏正。

卡子松花：像没有第三边的三角卡，卡在石头皮壳上，两条边线若能平行，内部绿色至少是半个平面。表现和开价如带子松花。

膏药松花：似膏药贴在玉石皮壳上，包裹或深及玉石三分之一。是一种赌涨成分很高的石头，须注意看其渗透玉石的深浅。如果只在表层者，或被擦去后绿色集中于一块，则座色不深。如果是后江石，进一寸即有一寸绿色，其他场口石则需小心。

柏枝松花：难辨认的松花之一，与白皮松花相似，都是白色。这两种松花若是有色，色级都很高，但一般很难座色，可赌性不强。生在不好的种上万不能赌。

条带松花：随处可生，不弯不直，大条带小条。条带松花要厚，要宽，要长，座色率就高。生在沙壳凹处或水石凸部，座色率较高。反之则座色不深。

丝丝松花：绿条细如发丝，在局部出现。有的像蛛网，虽细却很绿。在嫩种石上，色弹不起，只能做花牌料；在老种底上反弹性好，几丝就可使一个戒面全绿，色根极为分明。

膏药松花原石

点点松花：在石头的表皮呈点点状，内部皆不起色，不容易连成一片，可赌性不强。解开石头后，有的绿色会渐淡，只能是花牌料。

霉松花：是偏色松花，不鲜艳，绿色泛蓝、发白。赌成功的希望很小，即便涨了也是偏色。

毛针松花：很难辨认，形似松尖，生象不明显。颜色浅淡，或偏黄，或淡绿，或白色，但容易产生满绿、高绿。若能认定便大有可赌性。

点点松花，马撒场口石

夹癣松花：即癣夹绿，一般不可赌，但癣下常有高色，要看石头的场口、癣的生性、松

半截松花，老帕敢场口石

花与癣的亲和关系。如果癣吃绿，一赌就输。

爆松花：典型的次生松花，多在场口不正的块体上，色极鲜绿，十分诱人，欺骗性大。只生在表层，水干、质软、堆积厚，没有可赌性。

包头松花：带子一样绕在玉石某一角或某一方，包头大小决定了绿的大小。开价时应只赌缠绕部分，其余部分不宜包括在内。

癞点松花：松花上有不少黑点，影响美观和价值，疏密程度决定价值。

一笔松花：状如毛笔画出来的一道。长者、粗者、多者为好，开窗多找这种地方开。石料上有一两笔松花即可下赌。

蚯蚓松花：状同蚯蚓，弯弯曲曲，极不规律。

谷壳松花：较难辨认，形状似稻米白色糠皮。一定要生在好种的玉石上，翻沙比较好，只要有几处，色肯定好。

蚂蚁松花：如同一队蚂蚁在石头上，一般只能作雕件料。

椿色松花：较少见，色如紫罗兰。如椿夹绿，两个色都会渗透，只能做雕件。如果是点点白蜡椿（微泛点红），玉石内部几乎不进绿，不论外表绿多好，赌时都要慎重。

好的松花是从皮至里产生、无法磨掉的。但要切记，有的松花特别鲜艳，面积很大，这就有可能是“爆松花”，绿色全跑在表皮，里边无色，或水头短、干、偏色。也有人为的假松花，可用10倍放大镜看出镶贴的痕迹，或可用小刀撬起来。

【蟒】

蟒是缅语，意为潜在的物质。蟒是一种没有表露出来的松花，皮壳上似一种纹路，用手触摸不感觉粗糙，用水淋湿吸收较慢。识别蟒有一定的难度，需要不断摸索，不断分析辨认。

蟒与松花不同，其生象就是皮下颜色的生象，而下面的颜色，则不一定同松花的状态。蟒的出现，需要有松花相伴，下赌

表皮有蟒

老种润细底原料，底洁白，颗粒匀，微透明，飘蓝绿丝，高档玉料。

才能有涨的希望，若只是有�而无松花，皮下的绿色多为浅淡而不会浓艳。

蘚都具有颜色，其代表性的类型有：

肉蘚：有蘚的生象，但下面无色，内行称为“肉蘚”。

白蘚：黑沙壳上的蘚，像浓缩了的干米汤，蘚下一般都有绿色。白蘚起松花，一赌就涨。有白蘚的块体比较多，若是白沙壳上的蘚成灰色定有好色。

黄蘚：似一层淡黄面粉，铺得很开。若是生在白沙壳上，需置水中细看。蘚下有好色。

膏药蘚：蘚的颜色同沙壳一样，似膏药贴在凹处或凸包上，也称“包头蘚”。可赌性弱，若在沙发不好的块体上，不宜下赌。

卡三蘚：多为带状，带上有蜂坑，蘚带两侧沙粒厚薄不均，可赌性高，绿色旺。

一笔蘚：多为长条形，颜色同沙壳一样，若蘚上无松花，可赌性低。

点点蘚：常同丝丝蘚混杂，一般可赌性不高。若蘚下有色也只是丝丝点点。

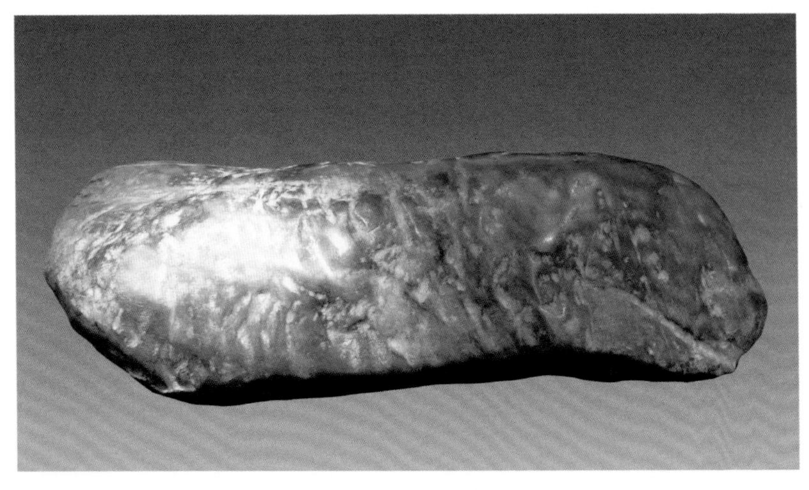

老场石

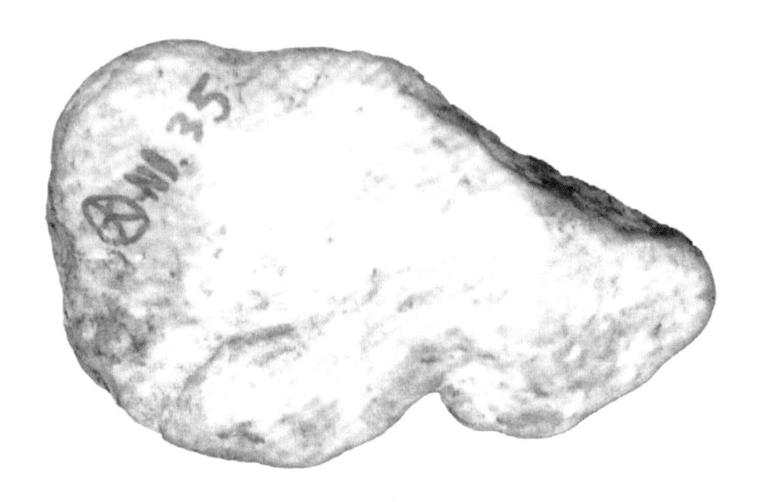

老场石，蟒带松花

半截癞：指一半松花一半癞，比较常见，只要沙发好，赌涨希望较大。

癞的生象较多，很难准确区分和命名。若要赌癞，只能根据沙发、松花、秧和其他表现进行综合判断，然后才能决定赌与不赌，谁也不能肯定癞下都有高绿颜色。

【蟒】

有经验的人赌色最重要的依据不外乎两点：蟒和松花。蟒，即在一块石头上忽然出现的一条或一片，乃至缠绕大半个石头的不同沙粒表皮，摸着不糙手。即使整个石头都缠着蟒，还会有一小部分是沙皮。

蟒是玉石商人几乎从不吐露的秘密，各种专著中从不涉及。下面简略介绍各种蟒的表现和与色的关系。

白蟒：白色，白石头也会有白蟒，很难辨认。呈灰白色的最佳，特别是黑石头称为“蟒紧”，往往说明里边的色好。这样的蟒上有松花，肯定有色，切莫错过。

丝丝蟒：如木纹丝丝似的蟒，里面的色也是丝丝状。

半截蟒松花：半截蟒上带松花，赌相好，不论哪个场口均可赌。如果松花很少，要看种是否好。

卡三蟒：一般都带色，坑坑洼洼，如同蜂窝，多半一半皮薄，一半皮厚，含翠量较高，比较好赌。但如果蟒已形成膏药状，那么内部的含翠量就不会高。

丝、条、点蟒带松花：各种蟒都表现在一块石头上，是难得的好赌相。

丝蟒带松花：如果种好，色会反弹；种差，则只有绿丝丝，色比较单。

荞面蟒：看着颜色很淡，仿佛荞面粉，需泼水来观察，比较好赌。

包头蟒：缠绕某个角的蟒带，开价要视蟒带粗细，缠绕部位大小来定。

大块蟒：多半擦去即可见色。

一笔蟒：像毛笔画了一道，观察时应看其长短、粗细，并找松花。

需要说明的是，大部分玩家对玉石的纹路都不熟悉，辨认蟒需要长期细心和耐心地观察、摸索。

【雾】

雾，即存在于玉石皮壳与肉之间的一种物体，虽然不能直接影响颜色，但它是种的表现，有雾即说明种老。因而是判断场口、质量和真伪的重要标志。雾的表现主要有以下几种。

白雾：外皮磨去后露出来的白色，如同薄薄一层白蒜皮。一旦

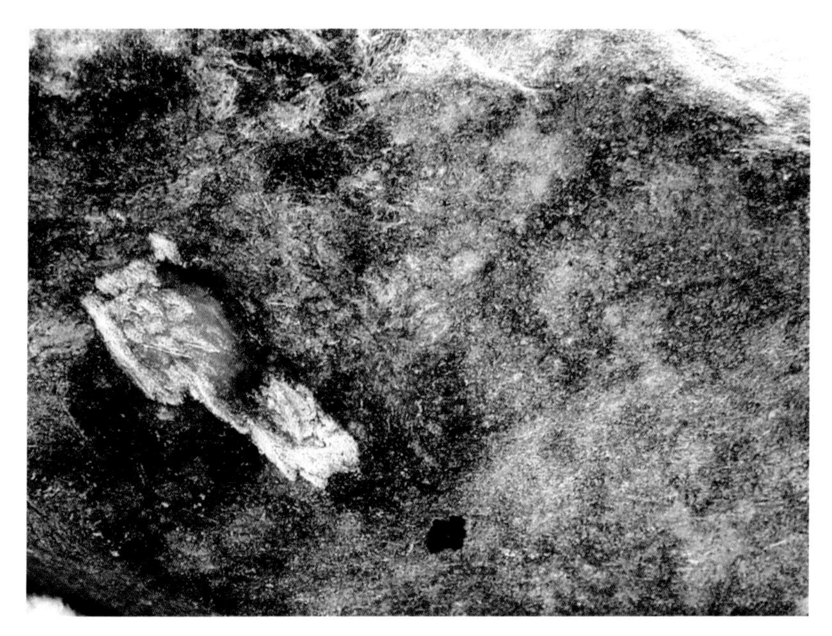

翡翠的雾

在皮壳与底章之间，朦胧地笼罩着底章，似雾一般。

把雾去掉，色就会浓了。一般出现在白盐沙和白蟒的下边。生有白雾的翡翠，其肉、水必定好。

黄雾：如果擦掉雾，色一般会泛蓝，黄味不足。但水酒黄是好雾，其底、种、质均较佳。如果是大件货，要慎重考虑。

黑雾：黑雾有高绿也有低色，黑雾厚则底灰。大马坎石黑雾比较多。大部分人不赌黑雾，因为爱跑皮。雾最怕跑到皮上，凡是雾跑皮的十个有九个底子灰。

红雾：底灰的多，容易跑皮。

有雾的玉石主要出自大马坎和老场区。老场区的四通卡的石头没有雾，大谷地的石头仅有少量的有白雾。新场区、小场区、后江场区、雷打场区的石头没有雾。

劣质赌石的特征

癣、绺裂和槟榔水都是赌石的毛病，要用一定方法判断其危险大小。

【癣】

癣即在石头皮壳上大小不等、形态各异的黑色、灰色、浅灰色的印记，这是翡翠玉石最普遍的病症。此毛病对绿色破坏力大，应予以高度重视。

癣很分明，大都显得光亮，成分以角闪石类为主，在翡翠块体中同绿色存在着复杂关系。一般讲癣易有色，但同时癣又吃色。不同的癣有不同的成因，起着不同的危害作用。

睡癣：是一种良性癣，它只停留在表面。其为黑亮色，常见呈带状，平卧在皮壳表层，睡癣和松花分明，互不混淆，很有可赌性。通常比较薄，癣下都能有绿色，把癣擦去会见绿。

活癣：形状不等，颜色各一。其特征是癣中有水，活泛而不呆板，细看似有潜在的变化趋向。

死癣：形状刺眼，癣层干燥发枯。死癣与活癣有着互相转化的关系。如果死癣的走向是活癣，对块体内部的危害会相应减弱，仍然有可赌性。活癣的走向是死癣，其危害程度较大，不可赌。

硬癣：亦称“直癣”，像一颗颗铁钉钉入石体里，立体感很强，又直又硬。此类癣的穿透力大，破坏性强，是癣中最凶恶的一种。通常还带有色，极易迷惑人，此料切不可赌。

软癣：一种发白的“鬼亮色”，似马牙状或苍蝇翅膀状，生得隐蔽，不易察觉，若是放于水中，就更难识别。软癣看似不严重，但它制成成品之后，依然潜伏在颜色之中，危害极大。

黑癣：典型的病态表现，多见为黑亮色，有的会渗透，有的不

有黑癣的料

会渗透，主要看黑点的密度和取料是否让得开。黑癣与松花相伴，穿透力较强，常常被误认为是癞点。

猪鬃癣：像直立的猪鬃，一根根直插进石头里面，穿透力极强，能扎进石头深处，甚至无处不有，破坏性较大。凡有猪鬃癣，几乎没有绿色，对底也有吸水性。此种石头只能做花牌，不能当色料买。

蝇屎癣：又称“鼠迹癣”、“乃却（缅语）癣”，像苍蝇屎或老鼠足迹一样，遍布石体的全身，颜色多呈黑黄色，十分恶眼。此种癣喜欢追绿，凡有绿的部分，常见蝇屎癣，很危险。

癞头癣：像黑色的帽子一样，有绿的地方，它就盖上一点，有的随绿点深入内部，有的则只在表层。大多一角有癣，故又称“角癣”，不影响全局。

膏药癣：往往只生在局部，多半不会进玉石内。要注意癣的厚度，不少膏药癣的下面能有好色。

满壳癣：也称“满个子癣”，石体全身被它覆盖，常常皮癣不分，切开后肉癣不分。是最危险的癣，有绿也不能赌。

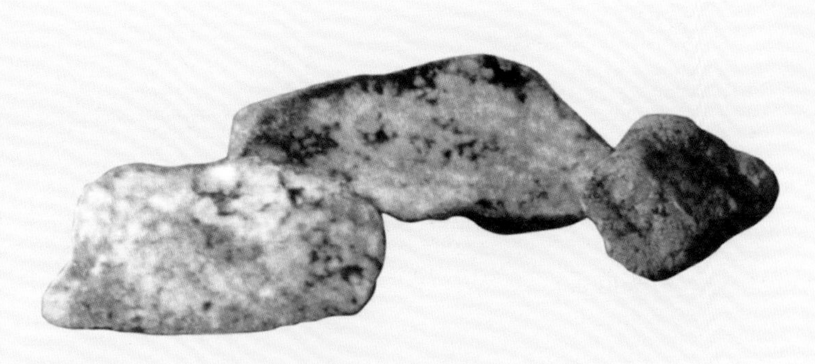

灰卡山石，癣夹绿

马牙癣：状如马牙，有“白马牙癣”与“黑马牙癣”两种，能把色彩吃干，把质地和底搞成一包糟，危害最烈。若周身分布，玉质就全毁，滇西人称“癣包子”。纵使有色也不能取料，不可赌。

夹绿癣：或称“癣夹绿”、“绿癣”，是绿与癣互相混杂。绿到之处癣亦随之，一直进入块体内部，很难分开。有的绿癣是睡癣，但吃力不深，难以取到玉材；也有极少数玉石周围被癣吃光，偶然出现一团绿色，绿癣成了皮壳，其中的绿色成为“圣品”。此种玉料一直风行制作雕件，大受欢迎。

灰癣：癣呈灰色，到处跑。如果癣散开，不能赌；如集中在一半，另一半有松花有蟒，可以赌。

黑癣夹大绿块：癣、色块大，但癣是癣，色是色，癣不会乱跑，可以取料。要观察是

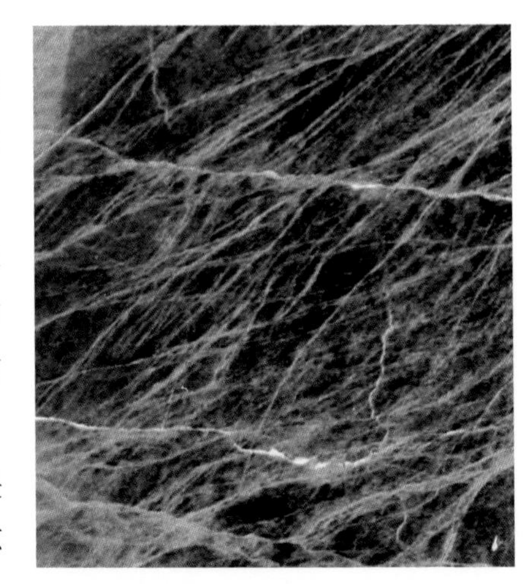

铁龙生翡翠原石的裂绺

睡癣，还是直癣。

癞点癣：一点绿上有一个黑点，多生在点点松花上。有的用灯或隔片一打，黑点跑掉，没有进去，可以赌，如果仍旧存在则不能赌。

枯癣：周围有色，但中间有一片疤痕，像脓疮一般，叫“枯癣”。对于石头危害不大，可以赌。

【绺裂】

裂在缅语中称“阿辣”，即玉石上的裂痕，是翡翠最普遍的病症。翡翠块体通常都少不了大裂和小裂，大的称“裂”，小的称“绺”。有经验的商人常说“不怕大裂怕小绺”，“宁赌色，不赌绺”；但绺裂同时也是翡翠的一种特征，有人说：“十宝九有裂。”

翡翠的绺裂种类多，性质都不一样，危害性也有大有小。裂在表皮上一目了然，裂在内里则难以做出准确判断。外绺在其发展与危害上容易认识；内绺虽小，但其不可捉摸的特点有时却很危险。绺裂按大小程度一般分为大型绺与小型绺，根据开裂程度分为开口绺与合口绺。一般说来，大型绺裂多为开口绺，小型绺多为合口绺。

一般绺裂的颜色为白色，如为红、黑、黄等色时，说明绺裂已极为严重。为明显白色时的绺裂为开口绺，则它基本上已开裂。只有色淡或察觉不到颜色特点的绺才是较为轻微的合口绺。

铁龙生带裂原料

半断裂、纵横裂、细碎裂兼具，但色艳色浓，水头中等，仍为好的翡翠原料。

有经验的赌石者依据绺裂的性质和生象，归纳出许多对裂的称谓，以区分裂对块体损害程度的大小，下面分别加以介绍。

夹皮绺：开裂型大绺裂。绺的两侧具有一定厚度的腐蚀风化层，有不同颜色，如红色、黑色、黄色、白色等，与外皮无异，常常上下贯通。

恶绺：开口型大绺裂，没有风化层，但也有红色、黑色、黄色、白色等，中间夹杂有水垢、泥污之类。有时根据绺的颜色而称呼，如黑绺、黄绺。常常上下贯通。

通天绺：开裂的大型绺裂。一般为白色，没有泥污水垢。上下贯通，彻底开裂。

大绺：半开裂型大型绺裂。一般为白色，绺裂发展不到头，但仍具有一定的深度和影响。

十字绺：由两个或三个方向的绺裂成垂直交叉或近似垂直交叉而形成的绺。大十字绺方向明确，不对翡翠构成重大影响。小十字绺常以内绺形式出现，对翡翠绿色构成危害，多而密时，危害最大。

碎绺：半开口小型绺裂，是杂乱而散碎的小绺裂群。色白，如在绿色中则有很大影响，是对翡翠价值造成直接危害的绺裂。

小绺：一种小型合口绺，一般有纹线而没有颜色。是一种较小的绺。如在翡翠的绿色中出现则有较大的影响。

截绿绺：顾名思义，是把绿色给截住的绺。阻挡了绿色的延伸，危害极大。

随绿绺：在绿色中与之平行的绺裂，非常令人头痛，有绿就有绺。所以俗话说："宁买一条线，不买一大片。"

马尾绺：状如马尾，破坏性极强，即便是块玻璃种的高绿好料，也无法取料。这种绺以琼瓢和灰卡场口比较多。

糍粑绺：状如糍粑干后起的绺裂，有此种表现的玉石也不能取料。

鸡爪绺：状如鸡爪，破坏性极强，有的延伸向内，有的只在表皮，故要赌绺。

火烟绺：绺旁有一脉状黄锈色，对块体影响很不一致。大马坎、南奇、小场区的石头如出现这种绺，会吃色，使得色干色淡；但灰卡、琼瓢、后场的石头黄锈绺不起作用，不会吃色。

后江石
虽种、水均佳，但裂绺较多。

雷打绺：状如闪电印在石头上，主要在雷打场出产的玉料上，危害大。

格子绺：状如格子，主要观察其头尾的深浅，判断绺的影响面和深度。

绺的种类很多，重要的是记住对玉石危害最大的绺。特别是那些不能一眼看透，会延伸至玉石内部的绺，要格外小心。

绺裂危害的对象主要是颜色，许多高翠高色因有裂疵，而降低了价值。赌石对绺裂的判断是不容忽视的。

【槟榔水】

在翡翠块体的裂隙中，有一种脉状充填物质，颜色褐色，似嚼碎了的槟榔液体，因而称作“槟榔水”，是缅甸玉石界的一句术语。槟榔水是二次风化的交代残余，是牛血雾、黑雾的异变。它的穿透力强，能跑皮也能入里，对块体的底和颜色有污染和侵蚀作用，危害性大，对下赌不利。皮壳上的槟榔水与铁锈色很相似，但两者的颜色截然不同，铁锈色面积大，一般不入里，对块体没有危害性。

优质赌石的特征

癞、枯、秧等一般是翡翠原石可赌的表征，应该仔细辨别。另有一些块体，行内一般公认可赌性强，也应该熟悉了解。

【癞点】

癞点是一种块体上的小黑点，多长在绿色中心部位。癞点与癣有共同之处，它们都是黑色，并具有亲绿性，所以人们常误把癞认作癣。但癣是黑蓝色，癞是黑绿色；癣透明的少，癞点透明的多；癣为随意形，癞为小圆点；癣可以不依附绿色，而癞点则靠绿生。这是二者的不同之处。

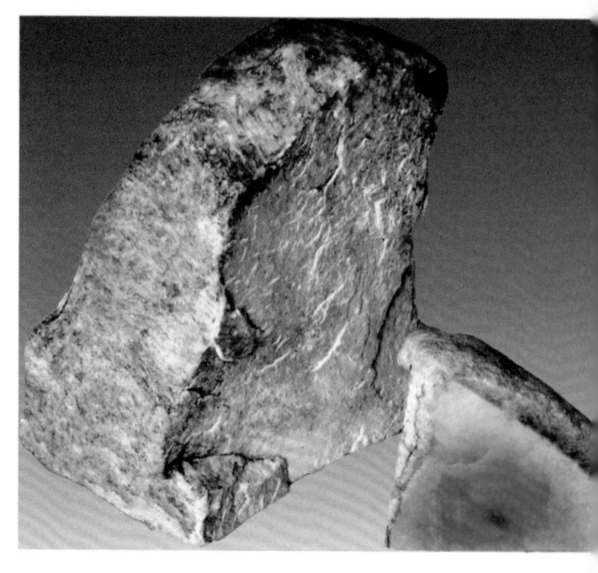

翡翠原石

从皮壳上看，癞点几乎都附靠在绿上。若癞点透光性好的，说明吃绿不多，进入不深，可以磨掉，对绿的损害不大；若透光性差，与绿色混生，则对绿色的使用和价值有影响。

研究表明，癞点的主要成分铬是翡翠在交代过程中的一种残余。有这种残余的块体并不多，常见老种石上有癞点。因此，皮壳上有癞点的赌石，赌涨的希望较大。业内俗语“癞点生高绿”，说明了癞点与绿色的相互关系。

【枯】

翡翠皮上的枯，似一种燃烧过的木柴，有黑色、黑灰色、褐色，有带状，肾状、钟乳状、结核状等。枯不同于癣或癞，是绿色在过渡期间分解出来的不纯杂质，主要成分是氧化铁。

枯不与绿色混杂，也不同癣和癞共存，常常单独出现。有的在皮上可以看见，有的夹杂在底内。枯对绿色的危害不大，当遇到断裂时，绿色能越过裂隙继续发育，而枯则停滞不前，形成裂外生长。一般裂烂多、绿色零乱的块体中多见有枯，所以人们常说“有枯就有色”，可赌性强。

【秧】

在翡翠皮壳上，分布着短丝状的小白细条，是底的外在反映，人们把它称为“秧”。有秧的块体一般都饱满规整，发育充分。秧有的显透，有的显实，有的粗如斑晶，有的细小如粉。翡翠块体肉眼所能看到的细丝晶点或小条，多数是秧。

一般情况下，秧好底好，秧粗底粗。秧均匀，底细腻；秧明亮，底好水足；秧大小相聚，底必不清晰。秧在水皮壳上比较分明，容易识别，在沙壳上则要细心判断。在翡翠皮壳上常见有白色的“鬼亮色”，有的似苍蝇翅膀，有的似马牙齿，与秧相似，但对底有危害，不能视其为秧。区分秧与斑晶或白癣的要点是秧大多不透明，分布多而细小。

由于场口不同，块体上不一定都有秧。没有秧的块体以沙发的好坏来判断底，即沙粗肉粗，沙细肉细。沙翻得均匀，底好水足，透明度高。

除正宗翡翠块体有秧外，许多变种石皮上也有秧。如水沫子、绿壳石、拨龙石等，几乎都有秧出现，都具有翡翠的特征。它们虽然发生了异变，但秧仍然是底的外在反映。

【苍蝇翅与亮纹】

(1)苍蝇翅

如前文详述，苍蝇翅是判断翡翠的重要标志。

(2)亮纹

即人们常说的“鬼亮点”，它也是翡翠块体面上的一种表现，是块体结晶比较稳定的鉴定特征。一般有亮纹的块体断裂相对比较少，在颗粒较粗的大块体上亮纹比较明显，如豆种类的较常见。颗粒较细的小晶体，肉眼则不易看出，如玻璃底一类的就少见有亮纹。

【可赌性强的场口石】

下面介绍几种已被前人证明可赌性强、可靠程度高的著名块体。

后江石

中间部位有擦口，见高翠玻璃底。

后江石

种水色俱佳，隐约见满绿，无裂少棉，0.38千克重，20世纪90年代初估价4万元。

（1）老帕敢的黑乌沙石

帕敢的黑乌沙是它的代表石种，沙发有力，皮黑似漆，白色颟带突出，颟上有松花，皮上有癣，皮下有雾，枯色分明，是内含高色的真实表现。如若具备这些条件，赌来有希望。

(2)后江场口的坎底石

后江场区的底层石，皮薄，蜡壳完整，底好水足。特别是大蒜皮壳铁生龙，白中显红，只要裂烂微小，一赌就涨。若石中夹紫，就不可赌，因紫色浸染绿色，使其失去浓艳活泛的翠绿色。

(3)麻母湾的薄皮水石

皮薄如纸，皮色蜡黄，皮细肉细，不用强光也能看清底里。虽有微小裂烂，只要能从底面看准绿色，若是老种，颜色稳定而艳丽，下赌便赢。

大马坎场口　　大马坎场口

(4)大马坎的半山半水石

若是黄壳黄雾且皮薄，可赌性强。若是厚皮而雾黑，便不可赌，赌来底灰水短，绿色往往偏蓝，无反弹力。

上述技巧是多位玉商直观经验的总结。翡翠玩家如能细心揣摩，并仔细了解翡翠场口系统的地质剖面，划分沉积层序，结合已开采矿山的资料对比，就有可能预测出优质赌石的分布区段和分类，从而提高赌石学问。

自有翡翠以来，就产生了赌石。从正面说赌能促进人们对翡翠预测技术的提高，更能推动翡翠行业的竞争和发展。而赌石因为其赌博色彩浓、刺激性强、风险大而吸引八方客商下注。而赌石的学问并不是每个人仅凭书本知识都能参透的，更多的是凭实践经验。

难得的美玉

主要参考书目

【1】**欧阳秋眉著**：《翡翠全集》，香港天地图书有限公司。

【2】**欧阳秋眉，严军著**：《翡翠选购》，上海，学林出版社，2010年11月第1版。

【3】**摩太著**：《翡翠级别标样集》，昆明，云南美术出版社，2009年9月第1版。

【4】**张竹邦著**：《勐拱翡翠》，昆明，云南人民出版社，2007年10月第1版。

【5】**张竹邦著**：《翡翠探秘》，昆明，云南科技出版社，2005年7月第2版。

【6】**李贞昆著**：《玉王翡翠》，昆明，云南科技出版社，1997年4月第1版。

【7】**马宝忠主编**：《云南珠宝王国》，昆明，云南科技出版社，1998年9月第1版。

【8】**戴铸明编著**：《翡翠品种与鉴评》，昆明，云南科技出版社，2007年4月第1版。

【9】**肖永福，饶之帆编著**：《翡翠鉴赏与投资》，昆明，云南科技出版社，2009年7月第1版。

【10】**杨鹏，李亚凡著**：《七彩云南翡翠》，昆明，云南美术出版社，2009年7月第1版。

【11】**张志芳主编**：《翡翠书》，昆明，云南人民出版社，2006年9月第1版。

【12】**陈发文编著**：《翡翠学》，昆明，云南科技出版社，2009年7月第1版。

【13】**摩太点评，杨树明著**：《杨树明玉雕作品鉴赏》，昆明，云南美术出版社，2007年12月第1版。

【14】**叶曙明著**：《雕刻美色——广东玉雕》，广州，广东教育出版社，2008年10月第1版。

【15】**朱立慧，刘天衣编著**：《翡翠投资收藏手册》，上海，上海科学技术出版社，2011年1月第1版。

【16】**殷志强著**：《翡翠》，台北，台北艺术图书公司，1995年3月再版。

【17】**郭颖编著**：《翡翠鉴定》，福州，福建美术出版社，2010年3月第1版。

【18】**《中国宝石》**2010年2、3、4期，北京，中国宝石杂志社。

【19】**《中国宝玉石》**2009年第6期、2010年3～5期、2011年第4期，咸阳，中国宝玉石杂志社。

【20】**《艺术品鉴》**2011年9月号，西安，陕西出版集团。

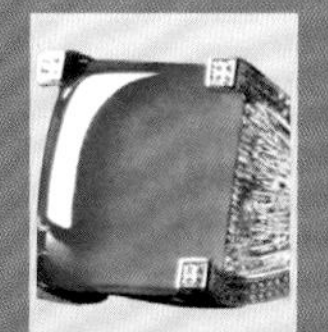

翡翠饰品颜色分级

级别	色调	均匀程度
S1	纯正绿色 包括深正绿色、翠绿色、苹果绿色、黄秧绿色	极均匀
S2		整体绿色较均匀，其内有浓的绿色条带、斑块、斑点
S3		整体绿色不均匀
S4	偏蓝绿色 包括浅淡正绿色、浓深正绿色、鲜艳红色、艳黄色、紫罗兰色	整体色调均匀
S5	蓝绿色 包括淡红、淡紫罗兰、淡黄色、淡黄绿色、纯透白色、绿油青、透黑色	整体色彩均匀
S6	蓝、灰蓝色 包括蓝色油青、浅灰、灰、白等	色调均匀

另可参考下图摩太翡翠饰品等级标样：

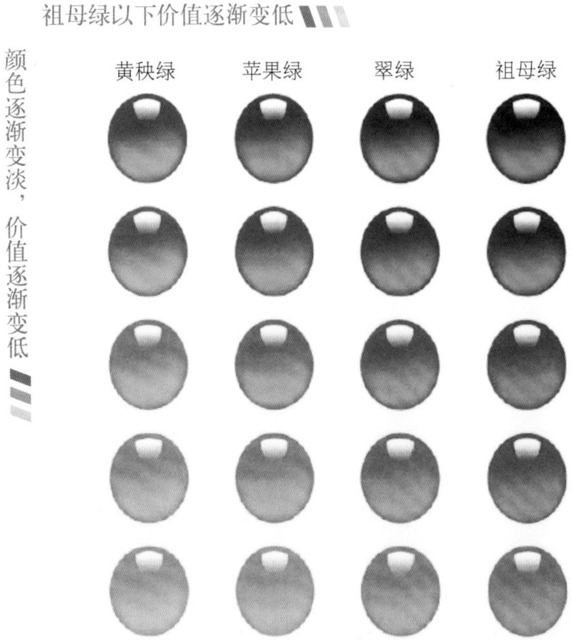

祖母绿以下价值逐渐变低

颜色逐渐变淡，价值逐渐变低

黄秧绿 苹果绿 翠绿 祖母绿

浓淡程度	色泽	光谱波长/纳米	局部 参考图示
不浓不淡	艳润亮丽	深正绿、翠绿：530～510 苹果绿、黄秧绿：550～530	
整体绿色，不浓不淡	艳润亮丽		
浓淡不均，总体绿色较适中	润亮丽		
不浓不淡	润亮丽	510～490	
不浓不淡	润亮	490～470	
不浓不淡	润	470～460	

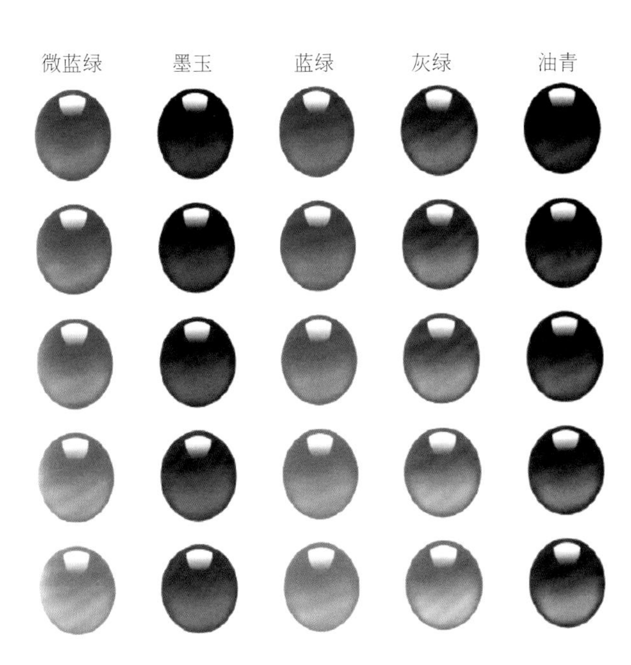

JADEITE

翡翠饰品分级标准参考图示

云南省翡翠饰品分级标准

翡翠饰品透明度分级

级别	浅色翡翠（T=0.18）			
	T值/毫米	t值/毫米	1值/毫米	T值/毫米
T1 透明	≥0.85	≥10.6		≥0.75
T2亚透明	0.85>T≥0.75	10.5>t≥6.0	4.6	0.75>T≥0.65
T3半透明	0.75>T≥0.65	6.0>t≥4.0	2.0	0.65>T≥0.50
T4微透明	0.65>T≥0.50	4.0>t≥2.5	1.5	0.50>T≥0.35
T5不透明	<0.50	<2.5		<0.35

翡翠饰品净度分级

级别	划分标准	局部参考图示
J1 标准	基本不含瑕疵，10倍放大镜下不见任何绺裂、白棉、黑点、黑丝、灰点、灰丝等，在不显眼处偶有个别白棉、黑点	
J2 纯净	瑕疵含量稀少，10倍放大镜下不见绺裂，肉眼见少量细小黑点、白棉及黑灰丝等	
J3 半纯净	含少量瑕疵，肉眼不见绺裂。10倍放大镜下见少量绺裂，肉眼可见少量白棉、黑点、黑灰丝及少量冰渣状绺状物	
J4 欠纯净	含一定的瑕疵。肉眼见少量绺裂，及较多白棉、黑点、灰黑丝及冰渣状绺状物	

绿色翡翠（T=0.055）		民间俗称品种	局部参考图示
t值/毫米	1值/毫米		
≥9.5		玻璃地	
9.5>t≥6.3	3.2	冰地	
6.3>t≥3.9	2.4	蛋清地	
3.9>t≥2.6	1.3	米汤地	
<2.6		瓷地或石灰地	

翡翠饰品质地分级

级别	划分标准	俗称	局部参考图示
1级极好	结构非常细腻致密，粒度均匀微小。10倍放大镜下不见晶粒大小及复合的原生裂隙、次生矿物充填裂隙等。粒径小于0.1毫米。多为纤维状结构，难见“翠性”	老种见绿色宝光	
2级好	结构致密，粒径大小均匀。10倍放大镜下可见极少细小复合原生裂隙，但不见次生矿物充填裂隙。可见粒度大小者。粒径0.1毫米至1毫米的纤维状结构、粒状结构，偶见“翠性”	老种偶见绿色宝光	
3级一般	结构不够致密，粒度不均匀。10倍放大镜下见细小裂隙、复合原生裂隙及次生矿物充填裂隙。粒径为1毫米至3毫米之间柱状粒状结构，比重有所下降，多见“翠性”	新老种（嫩种）	
4级差	结构疏松，粒度大小悬殊，肉眼可见裂隙、复合原生裂隙及次生矿物充填裂隙等。粒度大于3毫米的粒状、柱状、碎裂结构。“翠性”显著，硬度、密度低	新种	

《翡翠鉴定与选购
从新手到行家》
定价：68.00元

《珍珠鉴定与选购
从新手到行家》
定价：68.00元

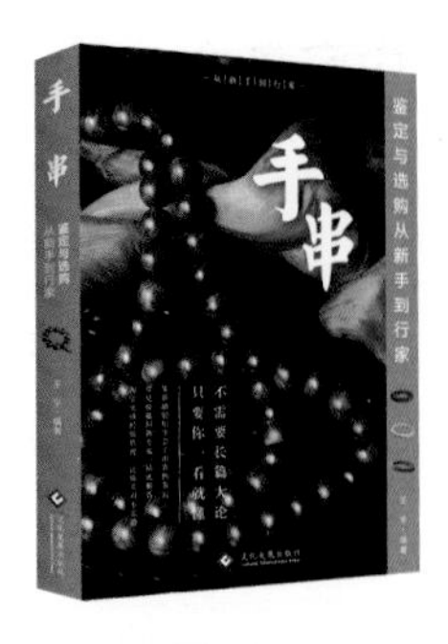

《手串鉴定与选购
从新手到行家》
定价：68.00元

“从新手到行家”系列丛书

（修订版）

《紫砂壶鉴定与选购
从新手到行家》
定价：68.00元

《文玩核桃鉴定与选购
从新手到行家》
定价：68.00元

《宝石鉴定与选购
从新手到行家》
定价：68.00元

《琥珀蜜蜡鉴定与选购
从新手到行家》
定价：68.00元

《和田玉鉴定与选购
从新手到行家》
定价：68.00元

内容简介 

本书从四个维度由浅入深地介绍翡翠知识：

1.从专业角度介绍什么是翡翠，辅以表格、地图、图示以方便理解。

2.配合大量精美高清图片，介绍翡翠的等级和品种，传授鉴别翡翠真伪的方法，让读者全方位地、直观地了解熟悉翡翠。

3.以举例的方式，分门类介绍不同类型翡翠选购的方法以及投资的注意事项。

4.用最简明的方式向读者全面地介绍神秘的翡翠赌石。书前附有全书知识要点速查表，书后附有翡翠饰品分级标准参考图示。全书深入浅出，实为初学者快速准确掌握翡翠鉴赏、购藏核心要义的最佳指南。

作者简介

李永广

中国珠宝玉石首饰行业协会理事，中国职业摄影师协会理事，河南省宝玉石协会理事，河南省观赏石协会理事，中国轻工珠宝首饰中心评估师、鉴定师。浸淫宝玉石文化鉴赏、研究、评估、交易二十年。著有《白玉玩家必备手册》《昆仑玉鉴》等多部宝玉石鉴赏收藏科普著作。

李　峤

自幼耳濡目染宝玉石知识，后在大学系统接受宝玉石鉴定评估和设计知识培训，具有长期的宝玉石商贸经验和丰富的宝玉石鉴赏评估技能。

图书在版编目（CIP）数据

翡翠鉴定与选购从新手到行家 / 李永广，李峤著. — 北京 ：文化发展出版社有限公司，2015.9（2022.3重印）
ISBN 978-7-5142-1186-3

Ⅰ．①翡… Ⅱ．①李… ②李… Ⅲ．①翡翠－鉴定－基本知识②翡翠－选购－基本知识 Ⅳ．① TS933.21

中国版本图书馆 CIP 数据核字（2015）第 090008 号

翡翠鉴定与选购从新手到行家

著　　者：李永广 李　峤
出 版 人：武　赫
责任编辑：肖贵平
责任校对：郭　平
责任印制：杨　骏
封面图片提供：唐书涛

出版发行：文化发展出版社（北京市翠微路 2 号 邮编：100036）
网　　址：www.wenhuafazhan.com
经　　销：各地新华书店
印　　刷：北京博海升彩色印刷有限公司
开　　本：889mm × 1194mm 1/32
字　　数：150 千字
印　　张：6.5
印　　次：2015 年 9 月第 1 版　　2022 年 3 月第 10 次印刷
定　　价：68.00 元
I S B N ：978-7-5142-1186-3

◆ 如发现任何质量问题请与我社发行部联系。发行部电话：010-88275602